# 建筑运维智慧管控
# 平台设计与实现

汪　明　谢浩田　逯广浩　孙鸿昌　著

北京大学出版社
PEKING UNIVERSITY PRESS

## 内 容 简 介

本书系统介绍了建筑运维智慧管控平台的方案设计、管控内容、数据结构、软件设计与界面实现，顺应了云计算、物联网、大数据等新兴技术快速发展并被应用的形势，是建筑运维管控的一种全新设计和尝试。主要内容包括建筑智慧运维管控方案设计、环境监控、建筑设备监控、能源资源管理、住区管控等，力求内容丰富、理论联系实践。

本书可作为建筑电气与智能化、自动化、电气工程及其自动化、物联网工程等专业的本科生、研究生的教学用书，也可作为相关领域的工程师、科研工作者的参考书，还可作为其他专业的科研工作者进入建筑智能化领域的入门读物。

**图书在版编目(CIP)数据**

建筑运维智慧管控平台设计与实现 / 汪明等著 . 一北京： 北京大学出版社， 2022.7

ISBN 978 - 7 - 301 - 33212 - 2

Ⅰ.①建… Ⅱ.①汪… Ⅲ.①建筑工程—项目管理—信息化建设 Ⅳ.①TU71 - 39

中国版本图书馆 CIP 数据核字(2022)第 139500 号

| | | |
|---|---|---|
| 书　　　名 | 建筑运维智慧管控平台设计与实现 | |
| | JIANZHU YUNWEI ZHIHUI GUANKONG PINGTAI SHEJI YU SHIXIAN | |
| 著作责任者 | 汪　明　等著 | |
| 策 划 编 辑 | 郑　双 | |
| 责 任 编 辑 | 林秀丽 | |
| 数 字 编 辑 | 蒙俞材 | |
| 标 准 书 号 | ISBN 978 - 7 - 301 - 33212 - 2 | |
| 出 版 发 行 | 北京大学出版社 | |
| 地　　　址 | 北京市海淀区成府路 205 号　100871 | |
| 网　　　址 | http://www.pup.cn　新浪微博：@北京大学出版社 | |
| 电 子 邮 箱 | 编辑部 pup6@pup.cn　总编室 zpup@pup.cn | |
| 电　　　话 | 邮购部 010 - 62752015　发行部 010 - 62750672 | |
| | 编辑部 010 - 62750667 | |
| 印 刷 者 | 北京虎彩文化传播有限公司 | |
| 经 销 者 | 新华书店 | |
| | 720 毫米×1020 毫米　16 开本　17.5 印张　280 千字 | |
| | 2022 年 8 月第 1 版　2024 年 12 月第 2 次印刷 | |
| 定　　　价 | 68.00 元 | |

# 前　言

　　建筑运维智慧管控平台集建筑设备监控及建筑管理于一体，在建筑智能化、生态化、绿色化、智慧化及可持续发展等方面具有重要意义，因而受到了越来越多的关注。随着建筑体量不断增大，建筑功能不断增强，建筑空间品质要求不断提升，传统的建筑自动化系统亟待改进。由于传统的建筑设备管理系统（Building Management System，BMS）顶层集成和楼宇自动化系统（Building Antomation System，BAS）功能的纵向划分已经越来越跟不上时代发展的要求，因此物联网和云计算等技术使建筑运维智慧管控一体化、区域化成为可能。

　　本书根据建筑运维智慧管控需求，提出了基于物联网、云计算技术的建筑运维智慧管控平台设计与实现路线。本书全面阐述了建筑运维智慧管控平台的方案设计、数据库配置、建筑设备监控系统设计、建筑能源管理系统设计、住区管理设计与实现等，在此基础上，展望了建筑运维智慧管控发展的方向。

　　本书共8章，第1章绿色建筑运行控制系统概述，第2章建筑运维智慧管控平台方案设计，第3章建筑环境监测系统设计和实现，第4章建筑设备监控系统设计与软件开发，第5章建筑能耗模拟与分析，第6章建筑节能技术，第7章建筑能源管理系统设计，第8章智慧住区管理系统的设计与实现。

　　本书在云计算、物联网、大数据等新兴技术快速发展并被应用的形势下，吸收传统建筑设备监控系统的优点，将监控和管理融合在一起，通过分布式理念和模块化设计，应用现代软件、硬件技术，构建建筑运维智慧管控平台。本书注重理论联系实践，力求运用简洁、恰当、准确的语言，尽量使读者能够全面、系统地认识和掌握建筑运维管控的内容及设计方法。

（1）分布式理念、模块化设计、全新的建筑运维智慧管控视角。随着物联网、云计算、大数据等技术的兴起与快速发展，建筑自动化系统也逐渐从原来的纵向功能系统式结构，逐渐向横向区域分布式结构发展。建筑自动控制系统向着无中心化方向发展，无论是硬件终端设备，还是软件子程序，抑或是服务，都以模块化的形式存在，可以实现快速添加和退出功能，达到便捷、快速、自治、智能。

（2）理论联系实践，设计与实现并重。叙述每章内容时，先从理论角度进行分析（包括控制需求、控制方法、理论成果），再讲解系统设计，然后完成程序设计，让读者尽可能明了系统设计与实现的全部内容，消弭理论与实践的鸿沟。

（3）论述深入浅出，层层递进。在章节安排上，先从需求分析到方案设计，再到数据结构分析、数据库系统设计，进而到各部分功能分析、设计，然后到能源资源管理、住区管理，最后总结并展望。在内容安排上，先分析问题，再设计方案，然后实现程序，便于读者领会贯通。

本书内容讲解侧重于综合建筑设备监控与建筑运维管理两方面。分布式、模块化系统云平台构建和软件设计是重点关注的内容。目前市场上鲜有同类图书。然而建筑运维智慧管控是建筑提供高品质空间、可持续发展的关键所在，也是打破国外建筑自动化平台垄断的重要措施。因此，作者希望本书能抛砖引玉，让更多的人聚焦新型建筑运维智慧管控领域，从而提高我国建筑运维管控水平，促进建筑智能化发展。

本书的出版得到了国家自然科学基金（61273326、61573226）的资助，在此表示感谢。本书的完成参阅了很多学者的相关论著，均在参考文献中列出，在此，对这些论著的作者表示感谢！

本书由山东建筑大学的汪明、谢浩田、逯广浩和山东大卫国际建筑设计有限公司孙鸿昌共同撰写，山东建筑大学硕士研究生邱实、王雁、张仁昊、孙启凯参与了软件设计和代码编写的工作，在此，一并表示感谢。

由于本书涉及内容广泛，笔者水平有限，书中不妥或谬误之处在所难免，殷切期望广大读者批评指正。

汪　明

2021 年 9 月

# 目　　录

# 第 1 章

## 绿色建筑运行
## 控制系统概述

# 1.1 引 言

绿色建筑是兼顾资源、能源和生态的新型建筑，当前得到了极大的提倡和快速的发展[1-2]。绿色建筑的兴起与发展是社会进步、经济发展和人类物质生活水平提高的必然结果。一方面，社会生产力水平提高了，人类物质生活水平也随之提高，对住宿、工作、娱乐等环境品质的要求逐渐提高，对建筑的要求也越来越高。其从最初的遮风避雨需求，到后来的要求舒适，直到现在不仅要求舒适、高效、便捷，而且还要求绿色健康。另一方面，随着城镇化发展，建筑的资源、能源消费量也越来越多。2018年，我国建筑全寿命周期能耗总量为21.47亿 tce，占全国能源消费总量的比重为 46.5%。2018年我国建筑全寿命周期碳排放总量为 49.3亿 $tCO_2$，占全国碳排放的比重为51.2%，建筑运行阶段碳排放 21.1亿 $tCO_2$，占建筑全寿命周期碳排放的 42.8%，占全国碳排放的比重为 21.9%[1]。因此，如何节约资源与能源、保护环境和减少污染，便成为建筑设计、施工、运行、维护、管理等专业的专家和工程师们迫切需要解决的问题。在这种情况下，绿色建筑应运而生。

目前，我国正处在工业化、城镇化加速发展时期，建筑业随之快速发展。2006年，《国家中长期科学和技术发展规划纲要（2006—2020年）》正式发布，行文中提出应发展城市生态人居环境和绿色建筑。2012年，财政部、住房和城乡建设部联合发布《关于加快推动我国绿色建筑发展的实施意见》，指出我国正处于工业化、城镇化和新农村建设快速发展的历史时期，深入推进建筑节能，加快发展绿色建筑面临难得的历史机遇。2013 年，住房和城乡建设部发布《"十二五"绿色建筑和绿色生态城区发展规划》（建科〔2013〕53 号），明确给出了"十二五"时期的有关绿色建筑和绿色生态城区发展的具体目标，指出"十二五"时期将选择 100 个城市新建区域按照绿色生态城区标准规划、建设和运行。2017 年的《建筑业发展"十三五"规划》指出要推进绿色建筑规模化发展。随着这些政策和办法的出台，各地方政府也纷纷出台相应的绿色建筑发展政策和办法。与此同时，建筑业积极研究制定绿色建筑的标准、规范、实施办法，加快研发相关的产品及运行控制系统等，使得我国绿色建筑得到了前所未有的迅猛发展。根据住房和城乡建设部建筑节能与科技司公布的绿色建筑标识项目统计，截至 2018 年年底，全国城镇建设绿色建筑面积累计超过 30 亿平方米，绿色建筑占城镇新建民用建筑的比例超过 50%，获得绿色建筑评价标识的项目超过 1.3 万个。其中 2014 年我国共评出绿色建筑标识项目 1092 个，2015 年评出 1533 个，（较 2014 年约增长 40.4%），绿色建筑标识项目数量保持强劲增长态势。统计数据表明，绿色建筑标识项目集中在沿海区域，其中江苏省、广东省、上海市的数量遥遥领先，河北省、山东省、湖北省、浙江省、北京市、福建省等的增速明显加快。各级政府为推进绿色建筑的发展而不断出台激励政策，绿色建筑具有了更快的发展速度和更加广阔的发展前景。然而从绿色建筑标识项目的数量来看，运行标识项目数量只占总标识项目数量的 6%。通常，绿色建筑一旦建成，能否实现绿色建筑应有的"绿色"功能关键要靠有效的运行控制及管理，运行标识项目数量和绿色建筑运行控制与管理技术发展程度有很大关系。

建筑运行控制与管理技术水平和建筑中的子系统设备众多、类型多样有密切的关系。建筑中的子系统常见的有空调系统、通风系统、供热系统、供配电系统、照明系统、给排水系统、电梯系统等。有的建筑甚至有多达几十种的子系统，这给建筑设备运行控制与管理带来了挑战。传统的建筑设备监控系统大多是针对单一子系统实施控制。如果需要对整栋建筑进行管控，则需在各建筑子系统使用建筑管理系统（Building Management System，BMS）进行顶层系统集成。顶层系统集成使得建筑子系统信息交互需要通过建筑管理系统转达，并没有做到真正意义上的高效互联互通。因此，采用物联网技术、人工智能技术、大数据技术，可以实现从设备到管理软件的各子系统硬件和软件的高度共融，形成一个建筑设备总系统，从而对整栋建筑进行控制和管理，为人们提供一个舒适、健康、节能且与自然、环境和谐共生的使用环境。发展绿色建筑，提高绿色建筑的运行水平，整体系统管控是行之有效的发展途径，这对于发展智能建造和新型建筑工业化具有非常重要的意义。

## 1.2 绿色建筑的概念

绿色建筑，也称作"生态建筑""可持续建筑""环境共生建筑"。绿色建筑不仅关注建筑的经济性、便利性、耐用性和舒适性，而且在建筑的全寿命周期内，即选址、设计、建造、运行、维护、改造、拆除全过程中都节约资源、保护环境。住房和城乡建设部、国家市场监督管理总局给出的绿色建筑概念是：在建筑的全寿命周期内，最大限度地节约资源（节能、节地、节水、节材）、保护环境和减少污染，为人们提供健康、适用和高效的使用空间，与自然和谐共生的建筑[3]。从以上概念可以看出，由于社会与经济的发展，自然环境与生态环境恶化、资源与能源紧张，绿色建筑不是只关注建筑本身，而是关注建筑在全寿命周期内对周边环境、生态、资源和能源的影响。

建筑的发展大致可以分为四个阶段，即栖身之所、舒适性使用空间、健康场所和绿色建筑，这几个阶段并不是以某个时间点而截然分开的，而是在某一时间段内相互并存，交织向前发展的。所谓栖身之所是指最早的"巢""穴"或朴素的居住场所，其主要功能是给人们提供人身安全的庇护所，同时也是人们生存的港湾。随着社会生产力的提高，人们已经不再满足建筑所提供的单纯的遮风避雨功能，而是希望建筑能提供舒适、便捷、高效的工作、学习和生活场所，舒适性使用空间应运而生。从最初的简单家具与家电，到后来的各种各样的建筑自动化系统，如空调系统、通风系统、供热系统、照明系统、给排水系统等，舒适性使用空间给人们带来了前所未有的享受。随着生活水平的进一步提高，人们的关注点进入更深层次的需求，那就是健康。于是，人们开始关注室内空气质量、生活品质，不再一味地追求舒适了。21世纪后，人们强烈意识到地球的自然环境、生态环境正在逐渐恶化，资源正在减少，如何实现科学、持续的发展成了新的问题。作为总耗能超过全球能耗三分之一的各类建筑，如何保持可持续发展，这个问题引起了人们的广泛关注，于是绿色建筑应时而生。绿色建筑不仅关注健康、舒适，还关注自然与生态。

"绿色"更多地体现了一种理念，表达了人们渴望科学、持续发展的诉求，希望建造、使用和拆除建筑时最低限度地使用资源和能源，从而保护环境，维持当地的生态平衡。绿色建筑在全寿命周期内更全面深入地考虑了土地、能源、水资源、材料方面的利用效率，同时考虑了建筑对人们健康及周边环境的影响[4-6]。

## 1.3　绿色建筑系统运行特点

节能降耗是绿色建筑最重要的特点。通常建筑能耗由建材生产能耗、建筑建造能耗和建筑运行能耗三部分组成，而建筑运行能耗为建筑建造能耗的 15 倍左右[7-9]。建筑运行能耗是指建筑建成后拆除前所消耗的各种能源，如采暖、空调、照明、炊事、洗衣等的能耗。若要降低建筑运行能耗，则必须了解绿色建筑系统运行特点，控制与优化其运行，从而提高运行效率、降低能源浪费、降低维护成本。

绿色建筑运行系统特点之一是子系统多、设备种类繁杂。绿色建筑运行系统一般包含建筑设备监控系统（包括空调、通风、供热、冷热源、照明、供配电、给排水、广播、建筑系统集成等）、通信与数据网络系统（包括卫星通信、移动通信、有线电视、用户电话交换、计算机网络等）、火灾报警系统、安全防范系统、信息化应用系统（包括专业信息化应用系统、物业、智能卡等）、用户电话交换系统等。绿色建筑运行系统特点之二是各子系统较为复杂，难以建立精确模型。例如，中央空调系统，包含制冷机组、循环泵、蓄能水箱、热交换器、水循环系统、空调末端（如风机盘管）等诸多部件，要建立一个精确的中央空调系统模型是非常困难的。

# 1.4 绿色建筑运维控制关键技术

## 1.4.1 照明系统控制技术

照明技术让黑夜不再黑暗,使人们的生活、工作、学习、娱乐等方式发生了重大改变,给人们带来了极大的便利。然而,照明系统能耗问题也随之浮现出来,照明系统能耗占建筑总能耗的30%～50%。因此,设计合理的照明系统,并采用高效的照明控制技术,使照明系统既能优化照明效果,又能降低能耗。照明系统控制的关键技术涉及照度调节、场景控制与节能优化等方面。智能控制技术的应用,使照明系统的运行水平得到了极大的提高。智能照明系统是指在满足正常照明需求的前提下,采用智能控制技术让灯具输出一个最合适的照明功率,改善照明电路中不平衡负荷带来的额外功耗,提高功率因数,从而达到节能和视觉舒适的目标。

先进的控制技术使得照明系统水平得到了很大提升,更多的照明控制方式和手段使得视觉舒适和节能同时实现。Mathews 等提出了一种开放式的 OpenAIS 体系,它具有很强的互操作性、可扩展性和开放性,为建筑照明控制提供了一种新的解决方案[10]。Kaur 等提出了一种节能照明控制方法,通过改造现有建筑结构中电气照明组件来提高能源的利用效率,最高能够节能76.3%[11]。为设计一个高效的照明控制系统,Kruisselbrink 等应用比例控制来确定室内各个灯具的调光水平,为每个房间分配最合适的预定义场景,从而达到大幅度降低能耗的目的[12]。XU 等通过手动控制和自动控制混合的照明控制方法来控制照明，能够至少节能 50%，且该方法不会影响到视觉的舒适度[13]。Snyder 提出了基于多元极值搜索的照明控制方法，它可以更快地到达系统能耗的最小值，同时照明控制精度也得到了改善[14]。Atis 等提出了一种基于专家系统的照明智能控制系统，在节约电能的基础上，提供稳定的照明，该方案具有灵活的框架，可以通过网络进行监视[15]。

日光利用如今成为照明系统重要的节能手段。Gao 等提出了一种低计算成本的闭环照明控制方案，该方案通过测量太阳光和灯光的亮度来确定灯光的调光等级，具有稳定的照明能力，且能够节能[16]。Sun 等提出了一种基于分布式多主体框架的室内智能照明控制方法，该方法根据室内人员和户外光线情况控制照明设备和百叶窗，从而达到室内的最佳视觉舒适度和最小能耗[17]。Yahiaoui 根据当前天气和空气指数来选择适当的照明控制策略，通过开展遮阳设备和室内照明组件，最大化地利用日光来达到节能的目的[18]。

随着照明技术与控制技术的逐渐发展，单纯地为工作区域提供照明的功能已经不能够满足人们对于照明系统的更高层次需求了，越来越多的人希望个人区域照明能追随自己的意愿。因此，照明系统的个性化控制成为当前研究的热点。Xiong 等提出了一种新的照明多目标优化方法，能够在最大程度地减少照明能耗的同时，将用户个性化的视觉偏好纳入照明系统进行控制[19]。Kandasamy 等提出了一种基于ANN-IMC 的新型照明控制方法，该方法能够在不影响用户视觉偏好的情况下进行个性化的恒光控制，可以有效地应用到零能耗建筑设备控制系统[20]。Rossi 等提出了一种基于人员占用及灯光个体适应性的照明控制策略，按照用户所需的照度值来提供照明，能够有效地减小能耗[21]。

**8**

在照明系统组网协议方面,目前主流的照明控制系统组网协议有Dynet 协议、EIB 协议、DALI 协议、HBS 协议和 X-10 协议。Dynet协议采用两对双绞线,其中一对提供 DC12V 总线设备工作电源,另一对用于传输总线设备信息。Dynet 协议是基于 RS-485 四线制传输的,其拓扑结构只支持线形结构。EIB 协议是欧洲现行的主要标准,它是一个完全对等的分布式网络,其拓扑结构采用域、区、线三级结构。DALI 协议是数字式可寻址灯光接口的缩写,它定义了电子镇流器与设备控制器之间的通信方式。DALI 协议不仅具有很强的实用性、可扩展性,还拥有着系统开发难度小、开发成本低等特点,在照明控制领域中有一定的优势。HBS 协议全称为家庭总线系统,是由日本日立、三菱、松下、东芝等公司联合提出的概念,以双绞线或同轴电缆为通信介质,控制通道最多可以有 64 个节点,主要用于电器开关量以及简单模拟量的控制,采用专用总线,具有抗干扰强、安全性高等优点。X-10 协议是利用电力线载波方式进行家庭自动化信息传输的协议,采用调制方式传送,有较高的抗干扰能力,可靠性高,该协议不要求重新布线,对于要求低成本的照明控制是最好的选择。

当前的照明控制已经有了很大的进步,但照明系统运行控制方面仍然有许多问题需要思考和解决。①照明系统的建筑自适应性。照明系统在设计和实施时,应当考虑建筑类型的自适应性,充分发挥照明灯具之间的相互作用。②自然光和人工照明的互补性。自然光和人工照明的发展应寻求更好的控制策略,通过同步室内的控制器以达到最佳的节能效果和视觉效果,且应考虑多种天气对照明系统稳定性的影响。③建筑使用者的视觉个性化需求性。照明系统调光控制策略应当充分考虑人员之间喜好的冲突,室内多个灯具或调光设备之间的相互影响。④照明控制系统与使用者的主动交互性。使用者和照明系统构成一个新的系统，照明控制算法应将使用者考虑在控制闭环中。

## 1.4.2 空调系统控制技术

空调对于保持室内环境的舒适性至关重要。在热带气候条件下，供热通风与空气调节系统的能耗可超过建筑总能耗的50%。因此，提高空调系统运行效率、降低能耗对于建筑节能具有重要意义。

从中央空调系统建模的角度考虑，合理精确的模型能够更加精准地反映中央空调系统的能耗变化，从而准确地对其进行优化，但由于中央空调系统的复杂动态特性，其对模型精度要求较高，因此模型的建立较困难。YAO等将状态空间方法和图论引入中央空调系统建模中，状态空间模型以图形形式表示达到更清晰的描述，通过模块化模型来构建实际空调系统的动态模型，从而提高建模效率[22]。Hussain等提出了一种基于自适应回归模型的中央空调系统实时优化控制策略，采用回归模型来描述系统的能耗与优化变量之间的关系，其简单的结构使得模型更新和实时优化的效率大大提高[23]。Zhou等建立中央空调机组调峰组合调节模型，提出最小化建筑群峰值需求的响应控制策略，该策略可优化控制，达到有效缓解电网压力的作用[24]。Bianchini等提出基于模型预测控制策略的解决方案，在热舒适性和技术约束下优化管理中央空调系统和储能设备[25]。Rawlings等提出一种分层分解的经济性中央空调系统使用方法，仿真结果表明该方法可用于大型中心厂房和数百个分区的建筑[26]。

由于中央空调系统结构复杂，涉及流固耦合、连续和离散混杂，单纯线性系统或单纯离散系统都很难刻画系统结构和控制过程。因此，混合系统建模方法日益受到科研人员的关注。Zhang等通过分析泵的冷量传递过程和特性，在连续和离散混合系统框架下进行了中央空调系统建模，并采用开关控制、冷量分配和平均温度控制混合的动态策略，实现实时能耗优化控制[27]。Risbeck 等提出商业建筑暖通空调运行优化的混合整数线性规划模型和求解框架，对设备模型进行分段近似，使用一个非对称公式来增强模型求解，实现优化节能控制目标[28]。Xie 等为降低中央空调能耗，采用序贯最小二乘法对中央空调模型的能耗进行优化[29]。Zhang 等基于水泵连续和离散特征进行中央空调冷水系统混合建模，提出以最小功耗为性能函数的最优化方法，实现水泵的变量控制和室内温度的精确调节[30]。

此外，模糊控制、分布式控制、最优控制、学习控制等都已应用于中央空调的节能领域。模糊控制是自动控制领域非常活跃的一个分支，它以模糊数学为基础，常与神经网络、人工智能、自适应控制等结合，在生产和生活中得到了广泛的应用。模糊控制本质上是一种非线性控制，一般包含模糊化、知识库、模糊推理及解模糊等部分，是不依赖于被控对象的数学模型，特别适合应用在非线性、时变、滞后及模型不完全系统。因此，模糊控制用于空调控制有其自身的优势。Li 等提出一种模糊比例积分微分（Proportion Integration Differentiation，PID）控制冷冻泵频率的方法，根据负荷变化来改变冷冻泵的频率，达到节能的目的[31]。Zhao 等针对中央空调冷却水系统，对冷却水系统比例积分（Proportion Integration，PI）控制算法和模糊控制算法进行了比较，PI 控制算法不能适应不同的工况；模糊控制算法虽然控制精度不高，但动态性能好、调节曲线平滑、波动小[32]。

分布式控制采用分体自治和综合协调的设计原则，控制器间交互通信，共同来完成同一个任务，适合应用于中央空调系统控制。Wang 等设计了基于分布式的变频空调器通用控制策略，该策略用于研究区域的可再生能源整合，将每个空调作为独立个体接收、传递信息和执行操作，以期充分发挥负荷侧空调资源的作用[33]。

Radhakrishnan 等提出基于令牌调度策略的分布式结构系统，用于商业建筑暖通空调系统的节能运行控制[34]。Tang 等提出了一种适用于晨间启动的最优控制策略，确定预冷运行的冷水机组的数量和时间表，实现各分区/房间之间的最佳冷却分配，从而缩短预冷时间，降低峰值功率需求[38]。

最优控制是确定优化目标，建立优化目标函数，在一定约束条件下通过控制使得系统性能指标达到最优。Gao 等提出地源热泵集成空调系统的优化策略，通过最小化系统总功率来优化系统设置，在节能的同时显著提高了空间温度控制的鲁棒性[36]。Wang 等提出空调系统基于事件驱动的最优控制方法，该方法确定事件/动作空间和事件/动作图，而不需要对给定事件/动作的所有决策变量进行优化[37]。Asad 等采用自由度值重置来代替传统的阶跃变化设定值重置，从而提高多路实时优化系统的稳定性[38]。Wang 等提出了一种事件空间建立的方法，通过适当选择事件阈值来改进事件的定义，克服中央空调系统运行条件明显不规则时效率不高的缺陷[39]。

学习控制理论可用于估计未知信息的优化控制器，在学习过程中获取系统的更多未知信息，随之更新控制律，使控制器逐渐逼近最优控制器。因此，基于强化学习、数据挖掘、深度学习的控制方法越来越受到人们的关注。Wang 等通过数据挖掘方法挖掘建筑空调系统 EDO 数据中隐藏的知识，利用一种新的决策变量——欧几里得距离来估计优化报酬[40]。Qiu 等提出基于强化学习的模型优化控制方法[41]，该方法以湿球温度和系统冷负荷为状态，以系统 COP（即冷水机组、冷却水泵和冷却塔的 COP）作为奖励，在基本控制器、局部反馈控制器、基于模型的控制器和无模型控制器的监督下，进行了为期 3 个月的仿真，仿真结果表明该方法可用于中央空调控制。

### 1.4.3　电梯群控技术

高层建筑越来越多，电梯的重要性随之凸显出来，从而使电气群控技术得到了极大的发展。电梯群控技术是指将多台电梯当成一个整体，进行统一调度的控制技术。优化电梯控制、提高运力、降低能耗是建筑自动化领域的重要研究方向。电梯群控技术能够实现电梯的自动运行，加强电梯的统一管理，缩短用户的等待时间，提高电梯的便利性、高效性、安全性。电梯能耗管理使电梯在运行时尽可能地节省能源。如何在节能和提升用户的使用体验之间达到平衡是电梯群控技术的难点。

电梯群控技术研究从 20 世纪 40 年代开始，如今主要侧重于研究电梯群控系统的动态特性，主要以最小候梯时间控制和综合评价函数控制等方式为主。Ruokokoski 等针对电梯目的地控制产生的静态离散问题提出了分枝界定算法，解决了客流量较大的状态下，以前目的地控制解决方案中没有考虑路由的问题[42]。Yildirim 等将元启发算法和人工原子算法相结合，应用到 7 部电梯的群控系统中，大大缩短了等待时间[43]。Coskun 等根据预先定义的用户等级，提供一个正常模式和三个特权模式，场景仿真结果显示正常使用电梯的交通密度得到了显著优化[44]。Bapin 等采用图像处理方法分析乘客群体，并使用 Bayes 模型评估决策结果与期望决策的对应程度[45]。Wang 等提出电梯调度的深层强化学习方法，并用改进粒子群算法进行优化，该方法设计了电梯群控的最优控制律，能尽快地将乘客送到目的层[46]。

在电梯群控算法不断优化的同时，电梯调度方法也不断被提出。Dai 等结合模糊控制和神经网络技术设计了电梯群调度方法，利用神经网络评估等待时间、乘坐时间等评价因子的权重，可在多种客流量的情况下实现电梯群的合理调度[47]。Chou 等综合考虑电梯内部的状态、乘客的移动方向和候梯乘客的数量，利用卷积神经网络来识别人数，对电梯群调度规则进行了优化[48]。So 等使用蒙特卡洛方法导出了电梯群控的 $H$（最高反转次数）和 $S$（往返逾期停留次数）方程组[49]。Sharma 等设计了基于模糊逻辑的电梯群控系统控制器，计算出每台电梯厢的模糊控制器优先级，进而根据乘客/用户产生的大厅呼叫来选择最合适的电梯[50]。Yang 等对传统的基于最小距离的电梯调度方法进行改进，采用人脸识别的方法来获取电梯的乘客数量，给出了电梯在不同状态、不同时段的运行方式，使电梯在使用高峰能够满足乘客需求，提高了载客效率[51]。

在电梯能耗管理方面，研究工作主要集中在建模和能量消耗预测方面。Tukia 等提出基于短期电能计量的简单预测方法，利用电梯每周的周期性分布来计算电梯的年能耗[52]。Wang 等推导了节能函数和时间成本函数，建立了电梯群控模型，利用改进的 Geese - PSO 算法，显著缩短了等候时间和并降低了能耗[53]。Tukia 等对曳引电机和液压升降器两种电梯运行方式进行建模，提出基于等候的时间的电梯群控算法方案，仿真测试结果证实了该方法的可用性和可靠性[54]。Chen 等对永磁同步电动机驱动的机电一体化电梯系统进行了建模，推导并比较了基于哈密顿函数的最小输入绝对电能控制（MIAEEC）和最小控制力（MCE），基于该模型设计出的自适应控制器具有较好的节能性和鲁棒性[55]。Maamir 等提出 DC - DC 双向转换的太阳能电池和储能器（电池和超级电容）混合动力电梯的神经网络功率控制器，根据每个电源的动态特性提供稳态和瞬态所需的功率，且能够实现各运行模式之间的平滑切换[56]。Pham 等利用端口哈密顿函数描述直流微电网的动力学行为，建立非线性约束优化模型，有效地管理微电网的运行[57]。Zubair 等采用多元线性回归模型来预测住宅楼宇电梯的年能耗，从而优化电梯的平均额定容量，节省大量的能源[61]。

## 1.4.4　室内定位技术

随着建筑业的蓬勃发展，人们对室内定位与导航的需求日益增大，复杂的室内环境，如机场大厅、展厅、仓库、超市、图书馆、地下停车场、矿井、超大体量办公建筑等，经常需要确定人员、设备及物品等的位置信息。在室内定位技术中，Wi-Fi、RFID、UWB、Bluetooth、ZigBee 等由于采用无线传输，具有较高的兼容性、更高的精度、低电磁辐射等优点，因此得到了较为广泛的应用[59]。Tesoriero等开发基于无源 RFID 的室内定位系统，与超声系统相比，该系统可以在降低成本的情况下达到相当的精度[60]。Lee 等针对大学室内活动提出本体语义查询的位置服务，使用 3D 网络拓扑数据模型计算目标位置的最短路径[61]。Yang 等提出基于空间特征区域划分的 WKNN（Weighted K-Nearest Neighbor）室内定位算法，有效地提高了基于 Wi-Fi 的室内定位算法的估算精度[62]。Mendes 等通过操作 iBeacon 和 Wi-Fi 信号等室内空间定位设备，使用不同分类器，确定了效果最佳的分类算法[63]。Alawami 等提供的室内定位系统可以根据周围无线网络节点的读数来确定目标可信区域内存在的用户，以提供身份验证服务，摆脱了室内定位的烦琐身份验证协议[64]。Kwon 等提出基于距离的室内定位算法，利用超低功耗的无线网络设备进行信号的增强，并验证了其在 2.4GHz 的超低功耗无线网络的实际室内环境中的有效性[65]。在提高无线传感器网络的定位精度方面，Simões 等基于冗余融合和互补融合，实现了 Wi-Fi 传感器与惯性传感器在室内位置的数据融合[66]。在无设备的室内定位方法开发中，Fei 等开发了基于菲涅尔区域模型的室内静态定位，并在不同场景进行了实验[67]。

　　指纹算法和机器学习在室内定位系统场景中得到了较广泛的应用。Carrasco 等通过机器设备中的低成本蓝牙信标收集位置信息，找到离用户最近的机器，完成室内设备定位的任务[68]。Zhao 等利用森林和贝叶斯压缩感知等方法，对现有指纹定位算法的准确性、成本和实时性进行了改进[69]。Yoo 等使用 PCA 特征提取、机器学习和 KL 发散等技术，对未标记的数据进行了指纹算法的开发和验证[73]。Hernandez 等利用无锚点蒙特卡洛算法开发了一种相对定位系统，减少了设备中对 GPS 模块的需求，降低了定位成本[71]。Wei 等采用机器学习方法开发室内设备定位算法，通过定位设施组件将其与信息存储库中的数字孪生关联起来，从而支持设施位置管理[72]。Van 等采用机器学习开发了室内患者定位方法，用于虚拟患者位置的识别，实现高精度室内人员定位[73]。Pu 等使用低功耗蓝牙设备的有效位置指纹识别算法，减少了室内信号干扰、降低了定位误差[74]。Ahmed 等针对室内定位中的信号检测问题，开发了支持机器学习的低功耗无线网络定位，可以有效地预测室内位置，准确性超过 98%[75]。Rashid 等通过基于 UWB 的实时位置跟踪系统和基于 BIM 的虚拟环境，改善了智能家居中人员与设备的互动问题[76]。Acharya 等结合 BIM 和视觉跟踪，开发了一种基于模型的室内跟踪方法，可以实现 10cm 的定位精度，且误差不会积累，该方法适用于长时间的室内定位[80]。

## 1.4.5　供配电技术

　　供配电系统是建筑的动力源泉，它为建筑中空调系统、照明系统、电梯系统等提供电能，同时对建筑物电能进行有效的监控和管理，最终达到安全、可靠、节能、环保、绿色、高效的目的。近年来，我国的电网得到了飞速发展，加快电网基础设施智能化改造和智能微电网建设，加强源网荷储衔接，成为电网建设的主题。在智能化的大趋势下，传统的电力供需技术面临挑战，利用物联网技术、大数据技术、人工智能技术等建立新型电力供需系统成为可能[78]。Yu 等通过建立智能电力监测系统，将室内物联网与公共设施集成系统的数据汇聚成建筑大数据，并利用数据分析算法为建筑运维管理提供决策支持，减小了传感器和环境等因素造成的测量误差[79]。Wu 等提出了一种基于物联网的微网智能建筑新方案，采用可再生能源自我消耗策略，实现供需自主平衡[80]。

加强源网荷储衔接离不开负荷预测和分析技术。负荷预测在电力系统运行和需求方面发挥着越来越重要的作用[81]。Xie 等针对概率负荷的单值预测或点预测含有很大不确定性的问题，提出并回答了 PLF 的温度场景生成和残差模拟技术的方法论基础问题[82]。Mirakhorli 等提出采用模型预测控制的配电系统，可以使建筑的负荷变化更小、负荷更平稳，从而降低发电成本[83]。Zhang 等针对建筑中的能源柔性潜力，提出描述建筑能源灵活性的一般方法和一套指标，采用模型预测控制可转移负荷或降低峰值需求[84]。Dagdougui 等利用人工神经网络对某小区的建筑物进行了超短期和短期负荷预测，降低了小时负荷和日负荷，并预测达到最佳性能的计算时间[85]。Almalaq 利用深度学习的动态逻辑来改进配电网负荷预测，用递归人工神经网络实现了更精确的负荷预测[86]。

Fang 等引入基于电网有功分配交互方式的需求侧响应，通过实施的一系列激励机制，引导用户积极配合配网的运营管理[87]。Li 等提出了一种住宅开发建筑管理系统策略，该策略能节约大量的电费、降低电网中发电机的负荷，具有为智能建筑能源管理提供最优解决方案的潜力[88]。Jia 等针对集中式体系结构面临着终端设备之间难以联网、缺乏灵活性及底层信息共享受限等难题，

17

基于无线传感器网络的框架结构，设计了智能建筑能源管理系统，提出基于区块链的 IBEMS 动态密钥管理策略[89]，该方法继承了区块链技术的高安全性，并在存储效率、能耗和网络连通性方面表现优异。

Salvatore 针对住宅楼宇自动化系统控制逻辑，分析了可再生能源分布式发电对配电网的影响[90]。Stadler 等综合考虑热经济性能指标，提出热电系统多目标优化方法，以满足用户和电网运营商的利益，增大了充分开发可再生能源在建筑应用的可能[91]。Dastgeer 等对住宅配电系统中直流电和交流电的使用效率进行了比较，在不同的情况下对系统效率进行了测试，结果表明当建筑物采用直流电时可避免中间的 AC/DC 转换，能有效地减少电能损耗[92]。Vossos 等以提高建筑配电效率、降低成本和能耗为出发点，提出了基于商业产品的技术经济分析框架，评估了直流系统的成本效益，指出配置储能的直流系统将有很好的发展前景[93]。Negadaev 提出了一种基于 Dijkstra 算法的配电网分析方法，该方法可以降低配电网的建设成本，在电机端提供必要的电压水平并使电缆网络的能量损失最小[94]。

为了有效地实现配电网的自动化建设，从而提高配电网运行效率、提供更加优质可靠的供电，有必要开展配电网数据通信系统的建设。Dileep 等对智能电网计量与通信、云计算及智能电网应用进行了详细的总结，指出数据采集、处理和智能应用是未来电网研究领域的发展方向[95]。Zhang 等提出基于云计算的智能配电服务体系结构，实现了对用电趋势的准确预测，既能智能监测用电，又能对采集的数据进行有效的智能处理[96]。

供配电系统是建筑物最主要的能源来源，一旦供电中断，大部分系统将立即瘫痪。智能建筑供配电系统首先关注供电的可靠性，通过设计智能的电力监测系统，达到实时监测变、配电设备的运行参数，及时诊断故障，确保供电可靠性；其次关注的重点是通过负荷预测等方式进行电能有效分配，提高用电效率，降低能耗。近年来，人工智能和深度学习等技术的不断发展为未来建筑供配电系统运行状态和负荷能力的精确预测提供了更好的方案，也带来了新的挑战。提出符合行业特点的电力系统专用智能算法，是未来研究的重点和难点。人工智能在智能电网中的应用场景包括供电、电力系统优化、电力用户行为分析、故障诊断等。虽然人工智能在智能电网中的应用面临着数据样本积累不足、数据系统可靠性不足、基础设施不完善、电力行业专用算法缺乏等问题[97]，但在不远的将来，随着计算机技术和通信技术的不断发展，人工智能会是推动智能电网进入新一代电力系统和能源网络的有力工具。

## 1.4.6 建筑能源管理技术

建筑能耗与日俱增，建筑能耗约占总能耗的 32%，许多发达国家甚至高达 40%（美国约为 39%，欧洲约为 40%）[98]。因此，提高建筑能效、节能减排已成为建筑领域亟待解决的问题。为了解决建筑能源管理各独立子系统的互操作问题，Santos 等提出了建筑智能知识基础推理系统，该系统基于上下文语义规则进行智能管理[99]。Faia等提出基于实例推理的住宅建筑能源智能管理应用方法，该方法使用 K-近邻聚类算法识别相似的案例，采用粒子群优化算法来优化每个案例特征变量的选择，并开发了专家系统来完善最终解决方案[100]。

建筑节能通常涉及舒适和节能的多目标控制，居住人员和自动调节照明系统互动并没有导致能源使用的大幅增加。为了实现照明最佳视觉舒适度和节能，Safranek 等提出了基于分布式多 Agent 框架的室内照明控制方法，该方法根据室内外照度进行灯具和百叶窗控制[101]。针对开放式办公场所的个性化视觉舒适度控制，Kar 等采用基于推荐系统的方法，从历史数据中学习个人和协作用户的偏好，在不影响节能的情况下满足个性化视觉舒适度[102]。优化住宅 HVAC控制并非易事，Du 等应用无模型深度强化学习方法来生成多区域住宅 HVAC 系统的最优控制策略，该控制策略可以在保持用户舒适度的同时最大限度地降低能耗[103]。Escobar 等提出了一种基于多变量数据分析学习算法的 HVAC 控制，这是一种用于智能建筑的模糊逻辑聚类算法，应用该算法可以节省能源[104]。Zhou 等使用人工蜂群和粒子群优化两种优化算法，增强多层感知机神经网络预测住宅建筑 HVAC 系统热负荷和冷负荷的能力[105]。Lachhab 等引入最适合当前环境控制策略的智能算法，该算法可以在三种现有的通风系统控制策略中选择最佳控制，在降低能耗的同时提高室内空气质量和热舒适性[106]。Zhang 针对智能建筑中家用电器提出基于分时控制的分数阶电容器无线供电系统，可为电视和手机进行无线充电[107]。为了最大限度地节能和节约成本，Chen 等提出双层分布式随机模型预测控制框架，研究建筑集群交互操作，该框架嵌入随机模型预测控制实现在线交易决策；在系统层面采用粒子群算法来平衡每小时的总能量交易[108]。

Cotrufo 等提出在装配式建筑中开发和实施模型预测控制的方法，该方法依靠人工智能和多模型架构对装配式建筑进行建模，以达到节能目的[109]。为 MPC 任务建立一个面向控制的模型是困难的，Wang 等将数据驱动模型应用到 MPC 任务中，提出了一种混合优化算法，即 BSAS－LM 算法，用于解决数据驱动预测控制中非线性模型或非凸数据驱动模型的优化问题，在不修改现有算法的情况下将数据流模型应用到预测控制中[110]。为了评估零能耗建筑系统集成和性能优化差距，Zheng 等提出了零能耗建筑的 3M 概念，并使用多目标优化算法对 ZEB 智能控制系统进行优化[111]。建筑物中传统的温度控制效率低下，导致能耗一直居高不下，Gupta 等提出了基于深度强化学习的智能建筑供暖控制实施决策算法，这有助于提高热舒适度并降低建筑中的能耗[112]。Peng 等针对建筑温度控制系统，提出综合迭代学习控制和迭代反馈调节的两自由度迭代控制算法，采用稳定投影和粒子群优化等算法来确定最佳解决方案[113]。Kumar 基于粒子群优化和新兴极值学习机的混合模型，所提出的混合模型包括可变的在线顺序极端学习机用于预测建筑温度，以进一步优化能源利用[114]。

Groumpos 提出了在自动化控制系统中应用模糊认知图的方法，并应用该方法探讨了住宅和商业建筑最大化节能的问题[115]。为了对建筑空调和通风进行智能控制并降低能耗，Zhai 等采用极限学习机模型和神经网络模型，建立空调机械通风系统能耗和室内热舒适性系统模型，并与稀疏萤火虫算法、稀疏增强萤火虫算法相结合，进而预测空调系统节能率[116]。为了控制建筑的用电费用，Bianchini 等通过分析集中设有中央暖通空调、热电储能设施和光伏发电的建筑运行成本，采用 MPC 策略进行运行成本优化，该方法可应用于大型建筑[117]。Molavi 等建立了分时电价模型，然后通过粒子群优化算法对某工业建筑负荷的 TES 系统设备容量和冷热源运行进行了优化[118]。

建筑能源管理系统先进的算法和优秀的模型，可以进行能耗预测和能效管理，进而达到建筑节能的效果，但是建筑能源管理系统也是提高居住舒适度的关键因素，因此，在设计系统时，必须确保系统的自动化、控制和管理，更重要的是实现以需求为导向的能源供应[119]。建筑能源管理系统可以最大限度地减少建筑运行所带来的能源消耗，尤其是供暖、通风和空调系统，可以极大地提高系统运行效率[120-121]。信息技术和网络技术的进步，智能建筑中使用的自动化设备不断升级，能耗越来越大，然而三十年来一成不变的子系统分治，顶层集成的系统架构却阻碍了建筑自动化系统的发展。因此，很多科研人员和工程师都在研究新型系统架构，针对传统建筑存在的问题，结合建筑的特点，将新系统设计为面向空间的扁平化结构，采用去中心化设计，通过边缘节点协作进行，即分散计算和控制，使系统更加灵活且配置简单、易于扩展[122-124]。但自动化设备的大量投入也必然带来能耗的大幅提高，面向未来建筑发展，将建筑自动化系统本身的用电量纳入建筑技术的整体能耗评估将是一大趋势[125]。

# 1.5  绿色建筑系统评价体系

随着绿色建筑在全球的盛行，各国纷纷着手制定绿色建筑的评价标准，鼓励发展绿色建筑，如英国的 BREE-AM 绿色建筑评估体系、美国的 LEED 绿色建筑评估体系、加拿大 GBTooLs 评估体系等。我国也越来越重视绿色建筑的发展，绿色建筑评价体系的发展和完善逐渐成为当前研究的一个重要课题。2019 年 8 月 1 日，住房和城乡建设部发布《绿色建筑评价标准》（GB/T 50378—2019）。该标准重新构建了绿色建筑评价技术指标体系，调整了绿色建筑的评价时间节点，增加了绿色建筑等级，拓展了绿色建筑内涵，提高了绿色建筑性能要求，以促进我国绿色建筑发展和绿色评价标准的进一步完善。

# 1.6　绿色建筑运行控制系统发展趋势

（1）绿色建筑运行环境监测技术。

绿色建筑运行不再只关注室内环境，同时也关注室外环境，而且对环境的监测内容和要求都有所提高。早期绿色建筑只关心温度指标，即控制温度在期望范围内即可。后来增加湿度控制，温度和湿度同时达标才会使人们感到舒适。如今，绿色建筑要求 $CO_2$ 浓度、有害气体浓度、光照度、风速、噪声等都要控制在合适范围内，才能保证人体健康、舒适。绿色建筑运行环境监测技术融合传感器技术、信号调理放大技术、信息融合技术、网络技术、计算机技术于一体。环境数据不仅是建筑运行系统的输入数据，而且也是评价该绿色建筑运行系统效果的事实依据。因此，建立绿色建筑环境综合测量平台就显得尤为重要。

（2）绿色建筑能耗监测与建筑节能技术。

建筑的水、电、暖、气等能源与资源消耗，直接关系到建筑的节能与减排目标，因此，有必要对其进行能耗监测。建筑能耗监测系统不仅为管理者提供实际用能水平参考，而且为设计者提供依据。建筑能耗监测系统首先要有合适的监测末端，如电表、水表、燃气表、热量表，以及各种传感器等；其次需要数据采集装置，负责数据汇集和转发；再次需要传输系统，比如控制网络或计算机网络；最后需要能耗监测信息平台对能耗数据进行处理、存储、融合、分析与应用。因此，目前建筑能耗监测系统的热点研究问题有能耗感知技术、分项计量技术、能耗数据挖掘与分析、用能水平测定及能效评价、建筑能耗监测信息平台技术、用能设备控制及优化等。

建筑运行节能技术研究主要体现在以下 3 个方面。①建筑设备的用能效率控制方面：主要通过提高电器及其他建筑设备的用能效率，例如提高中央空调热泵机组的制冷效率、水泵效率、风机效率等，从而节约能源和资源。②多能源系统优化调度、合理配置供给方面：主要是在多能源系统供给时，根据负荷需求，统一调度和优化各产能子系统的生产，从而提高产能效率和传输能量的效率。③优化和限制负荷需求方面：通过检测建筑内人员分布时空信息、动态调整舒适度需求及个性化控制等手段，减少能源及资源浪费，在保证舒适度的前提下，尽可能地降低能源和资源消耗。

（3）绿色建筑运行信息化平台技术。

绿色建筑需要信息化平台进行运行管理，以取代传统的建筑智能化集成系统。建筑智能化集成系统是将不同功能的建筑子系统，通过统一的信息平台集成，实现信息汇集、资源共享、协调控制及优化管理等综合功能。由于建筑中的空调、照明、给排水等系统通常由不同的厂商供应，因此，各系统间存在协议不同、接口不兼容、数据不开放等问题，难以实现互操作和协调控制。整栋建筑的管理者或所有者希望能在整栋建筑或建筑群的层面上实现协调控制、优化管理，从而实现节能降耗。因此，建筑智能化集成系统应运而生，通过各种协议转换和路由，将原先各自独立的建筑设备监控系统、信息化应用系统、公共安全系统等通过互操作技术联系在一起，集成为一个大的信息系统。

随着物联网技术和云计算技术的发展，人们开始寻找新的建筑运行系统架构，期望满足某些建筑空间的特性需求。在此基础上，通过对建筑空间、内外环境和人员分布的时空信息进行处理和分析，将建筑空间进行划分，依靠新的建筑信息化平台控制和管理这些建筑设备，达到期望的目标。一个可行的方案就是将各设备通过物联网技术组成大的建筑物联网平台，通过该平台实现建筑运行协调控制与优化管理。

（4）可再生能源利用控制与优化技术。

建筑常用的可再生能源包括太阳能、风能、地热能、生物质能等，有效利用这些可再生能源可以降低常规能源消耗量，减轻环境污染。可再生能源利用系统是一个复杂系统，例如，太阳能发电系统由光伏电池、蓄电设备、逆变设备、配电设备和控制设备组成，其中光伏电池是太阳能发电系统的独特组成部件，它将太阳能转换为电能；风力发电系统由风力发电机、充电器、逆变设备、配电设备和控制设备组成。

可再生能源利用控制与优化目前研究的热点问题包括提高能量转换部件效率（如光伏电池的效率、风力发电的风车效率等）、高效逆变理论与技术、系统优化控制技术等。

（5）绿色建筑虚拟与仿真技术。

绿色建筑运行负荷、运行环境、运行释放的污染物等都需要研究，绿色建筑虚拟与仿真技术给这些研究提供了一种可行性。通过专业软件，建立整栋建筑及细化的空间、维护结构、通风系统、空调系统、照明系统、给排水系统等仿真模型，利用这些模型和相应的数据进行演化研究，得出整栋建筑的负荷、环境、室内空气质量等。研究绿色建筑虚拟与仿真技术的难点在于这个待建系统是一个多变量的、动态的、耦合的、非线性的跨学科、跨领域的复杂系统。绿色建筑虚拟与仿真技术需要利用感知技术、网络技术、计算机仿真技术等建立虚拟建筑模型、建筑设备系统模型、传热模型、控制系统模型等，在此基础上，进行仿真建筑实验，具有数据处理和分析功能。

# 第 2 章

## 建筑运维智慧管控平台方案设计

# 2.1 引　　言

　　智慧城市的提出让"智慧"的概念深入人心,建筑智慧化要求也随之而来。如何实现建筑智慧化呢?生产需求推动科技发展,反过来,科技发展又推动生产进步。进入 21 世纪后,物联网、大数据、云计算、边缘计算、人工智能等技术获得了飞速发展,依托这些先进的技术,建筑智慧化便有了实现的基石。在建筑业的需求和先进技术的推动下,集控制和管理于一体的建筑运维智慧管控平台便顺势而生。传统的建筑信息化管理平台已基本满足建筑的监测和控制需求,可有效降低设备能耗、促进建筑节能,在一定程度上可以延缓建筑能耗随城镇化发展而持续增长的速度,然而,传统的建筑信息化管理平台仍存在一定的局限性,具体表现在以下 3 个方面。

　　(1)用户体验具有局限性。2017 年智慧建筑峰会的《智慧建筑白皮书》指出,智慧建筑如何利用感知、推理、决策等综合智慧能力,为用户提供所需的服务是当前的研究重心。然而,当前建筑信息化管理平台操作权限通常只开放给运维管理人员,在实际运行时,常常出现管理人员疏于运行维护而用户参与度不够的情况,使系统没有发挥出其最佳性能。

　　(2)数据存取具有局限性。建筑运行时产生的数据通常存放在本地数据库中,当设备通过网络访问时,需要本地服务器具备与外网通信的功能。如果本地服务器并发通信功能不够强大,数据的共享性能就会受到一定限制,共享数据的时效性也会大打折扣。

　　(3)系统成本具有局限性。在设计建筑信息化系统时,技术人员会为每一栋或由多栋建筑组成的建筑群配备一台服务器，加上建筑内部的网络中继等通信单元，无形之中会增加系统成本。

综合上述局限性可以看出，如何设计和搭建稳定可靠的建筑信息化管控平台，使其进一步提高并发通信和泛在接入性能，提供低成本且可复制的解决方案，已成为亟待解决的问题。此外，目前的建筑自动化系统的信息设施、建筑设备监控、公共安全和应急响应等子系统自成一体、条块分割，只通过顶层系统集成，这一现象正在成为阻碍建筑智慧化的一大瓶颈。因此，本章结合新兴技术，如物联网、大数据、云计算、人工智能等，设计研制建筑运维智慧管控平台，为建筑所有者、管理者、用户提供贴心、便捷、安全、可靠的泛在服务。

## 2.2　建筑运维智慧管控平台方案

### 2.2.1　建筑运维智慧管控平台总体方案设计

本章设计的建筑运维智慧管控平台是一种基于"云-管-端"架构的集成平台，它采用物联网和传感技术，采集环境、设备、物业与能耗等信息和数据；采用云计算技术实现各类数据的云端处理和展示；采用人工智能和优化计算技术实现设备控制优化、数据分析及内在规律发现。建筑运维智慧管控平台为建筑和建筑群的运行监控提供Web端和手机端的可视化操作，为用户提供环境监测、设备监控、物业管理、能耗监测与服务定制等模块化服务，处理、统计、分析、展示建筑的运行数据，最终完成对建筑和建筑群运行的运维监视、控制、调度与优化。

建筑运维智慧管控平台总体方案涉及以下 5 个方面。

（1）云端方面：选择合适的软件解决方案，利用云计算技术搭建建筑运维智慧管控平台。

（2）数据库方面：利用数据库技术及相关工具搭建建筑运维智慧管控平台数据库，设计实时数据缓存系统的实时数据模型、设计关系数据库的 E－R 模型，同时对数据结构进行逻辑分析。

（3）智能硬件方面：开发温湿度监测模块、二氧化碳浓度监测模块、固体颗粒物浓度监测模块、甲醛浓度监测模块、光照度监测模块、人员监测模块、电能监测模块和执行器模块等智能硬件，上述智能硬件需具备与云数据库交互的双向数据通信通道。

（4）客户端方面：包括开发 Web 端软件和手机端软件。开发用户信息管理功能，包括信息录入、密码修改、密码找回、权限设置等功能，各类功能主要涉及添加、修改、查看、删除等基本操作；开发建筑信息管理功能，使用户可对建筑和设备的基本信息进行建筑管理、楼层管理、房间管理、设备管理、传感器管理、执行器管理等操作。

（5）应用程序方面：开发建筑运维智慧管控平台的环境监测功能，系统可通过 Web 端和手机端提供环境数据的可视化展示；开发建筑运维智慧管控平台的人员监测功能，系统可通过 Web 端和手机端提供人员状态信息的可视化展示，为建筑内各空间单元人员监测提供服务；开发建筑运维智慧管控平台的建筑设备监控功能，主要涉及供热通风与空气调节（Heating, Ventilation and Air Conditioning, HVAC）监控、照明监控与配电监控；开发建筑运维智慧管控平台的能耗资源管理功能，主要涉及建筑电能监测与管理、水资源管理与天然气管理，管控系统可通过 Web 端和手机端提供建筑能耗资源管理的可视化展示。

## 2.2.2　建筑运维智慧管控平台总体架构设计

建筑运维智慧管控平台采用"云-管-端"总体架构。"云"指的是为终端用户提供服务的云端综合，"管"指的是保障信息传输的智能信息管道，"端"指的是所有与智能信息管道相连的终端设备。为降低建筑运维智慧管控平台的后期维护成本，该平台采用浏览器/服务器模式（Browser/Server，B/S）网络架构将各子系统集成在云服务器中，提高了该系统的可移植性；个性化的服务模块定制理念为用户提供了更多的选择。建筑运维智慧管控平台总体架构（图 2.1）分为感知层、网络层、功能层、服务层和应用层。

（1）感知层：包括建筑环境监测系统（温/湿度监测模块、二氧化碳浓度监测模块、甲醛浓度监测模块、光照度监测模块、固体颗粒物浓度监测模块、人员监测模块和能耗监测模块）、建筑设备控制系统（供配电监控、照明监控、给排水监控、送排风监控、冷热源监控、空调机组监控和空调末端监控）、执行器模块和网络中继模块等智能硬件。

（2）网络层：因感知层环境监测模块与执行器模块内部集成了Wi-Fi 模块，可通过网络层的通信协议与云服务器进行无线传输主要以 4G/5G 和 Wi-Fi 形式为主；控制器模块部分通过对象链接与嵌入的过程控制（OLE for Process Control，OPC）、现场总线转接等数据接口方式接入建筑运维智慧管控平台。

（3）功能层：为提高建筑运维智慧管控平台的扩展性与可移植性，同时提高维护人员的工作效率，功能层为管控平台提供应用程序编程接口（Application Programming Interface，API）管理、泛在接入管理、建筑设备管理、建筑信息管理、家用设备管理、楼层管理、房间管理、智能硬件模块管理等功能。

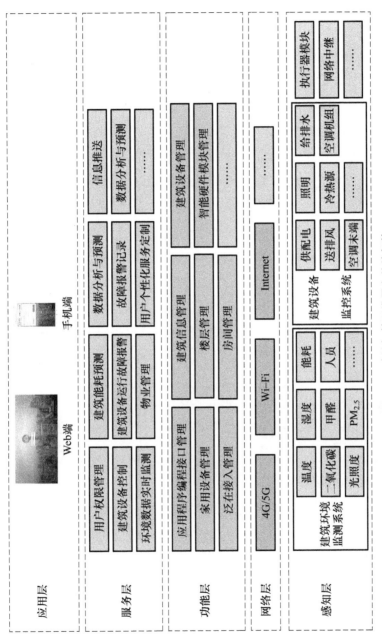

图 2.1　建筑智慧运维平台总体架构

（4）服务层：该层基于应用层的功能需求，提供用户权限管理、用户个性化服务定制、环境数据实时监测、数据分析与预测、信息推送、建筑能耗预测、建筑设备控制、建筑设备运行故障报警、故障报警记录、物业管理等服务。

（5）应用层：包括 Web 端与手机端的人机交互界面，为用户提供各种可视化操作应用。

## 2.2.3　建筑运维智慧管控平台软件解决方案

经过调研，搭建建筑运维智慧管控平台可行的云平台软件技术解决方案主要有 3 种，分别是 Java EE 解决方案、ASP. NET 解决方案与 LNMP（Linux Nginx MySQL PHP）解决方案。

（1）Java EE 解决方案：基于 Java SE 平台，内部封装了为组件提供业务逻辑处理、数据访问、安全性与数据持久化等服务接口。Java EE 架构可为开发人员提供 API 接口和运行环境，加载大规模的、多层的、可扩展的、可靠的和安全的网络应用程序。Java EE 解决方案一般是由 Unix 操作系统、Tomcat 服务器、Oracle 数据库和 JSP 动态网页组合而成的。

（2）ASP. NET 解决方案：基于 Windows 开发的 Web 服务器（Internet Information Server，IIS）和 Windows Server 组合而成的服务平台，ASP. NET 页面构架允许用户建立分界面，使其不同于常见的 VB 运算，可为应用服务体系提供一个 Web 应用程序的高级可编程模型。

（3）LNMP 解决方案：LNMP 是云服务器操作系统 Linux、云服务器 Nginx、云数据库 MySQL 和编程语言 PHP 组合的缩写。由于 LNMP 解决方案兼备轻巧和高性能的优点，现已成为最常见的一种云平台解决方案。LNMP 解决方案中所有开发软件都开源免费，具有易用性、低成本、开发快速和执行灵活等特点。Nginx 云服务器已在一些大型网站（如新浪、网易和 Instagram）上稳定运行多年。与 Apache 服务器相比，Nginx 服务器占用更少的资源、支持更多的并发连接、表现出更高的效率。

综上所述，Java EE 解决方案安全性高、功能强大，适合企业及大型网站使用。由于 Java EE 所需的环境较为复杂、学习成本高、使用费用高，因此其不适合小型企业和个人建站使用。ASP. NET 需运行于 IIS 服务器上，使得这种收费架构在 Windows Server 中的安全性和稳定性都受到了影响。ASP. NET 必须局限在 Windows 操作系统上运行，其无法跨越平台开发的局限性使得 ASP. NET 架构的可移植性大打折扣。LNMP 解决方案虽然在运行资源占有量这一指标上略逊于 ASP. NET，但综合考虑实际开发中的搭建成本、开发难度、跨平台和可复制性等问题，本章建筑运维智慧管控平台软件解决方案采用 LNMP 方案。

## 2.3　建筑运维智慧管控平台的组成及功能

### 2.3.1　建筑运维智慧管控平台的组成

建筑运维智慧管控平台是为建筑或建筑群提供信息的综合应用平台，主要包括建筑环境监测系统、建筑构件管理系统、建筑设备监控系统、建筑能源资源管理系统与物业管理系统，如图 2.2 所示。

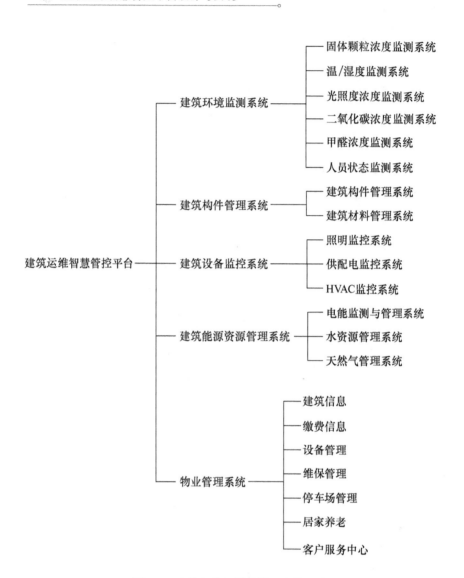

图 2.2　建筑智慧运维管控平台的组成

（1）建筑环境监测系统不仅对常规环境参数如温/湿度、光照度、二氧化碳浓度等进行监测，而且对污染物浓度（如固体颗粒物浓度、甲醛浓度）进行监测。所监测参数为建筑设备监控系统提供数据支撑，并结合人员监测系统，根据实时监测的空间人员流动情况，为 HVAC 监控系统提供策略依据，从而使得建筑向用户提供舒适、健康的室内环境成为可能。

（2）建筑构件管理系统主要应用于装配式建筑，它对构成装配式建筑的各类构件进行信息采集、跟踪管理与后期维护，并对建筑构件的材料情况做信息记录。

（3）建筑设备监控系统由照明监控系统、供配电监控系统、HVAC 监控系统组成。照明监控系统对建筑各个区域内照明设备的工作状态进行远程监控；供配电监控系统监控建筑内变压器、应急发电机组与高低压配电系统的工作状态；HVAC 监控系统涵盖冷热源监控系统、空调机组监控系统、空调末端监控系统与送排风监控系统。

（4）建筑能源资源管理系统对建筑内水、电、气等能源与资源进行监测与管理，使用户更加便捷地获取水、电、气等的使用量统计报表，并给出下一步使用建议。

（5）物业管理系统集成了建筑信息、维保管理、缴费信息、设备管理、停车场管理、居家养老、客户服务中心等模块，依托网络通信、视频监控以及数据分析等技术实现医疗服务、电子商务和文娱教育等诸多功能，旨在为社区居民提供安全、高效、舒适、便利的居住环境，实现社区居民在生活服务中的数字化、网络化、信息化、智能化、协同化。

## 2.3.2　建筑运维智慧管控平台的功能

建筑运维智慧管控平台可以为用户提供健康舒适的室内生活环境，可以提高建筑设备的运行安全水平，还可以为管理人员提供各种建筑设备运行状况的监控详情与信息报表。通过优化的控制算法节省建筑整体能源资源消耗，同时也可提升用户的家居生活与住区生活体验。从更具体的层面上讲，建筑运维智慧管控平台各系统管理功能分别如下。

（1）室内外温/湿度、光照度、固体颗粒物浓度，二氧化碳浓度、甲醛浓度监测，室内人员分布监测。

（2）建筑构件类型、生产单位、采购数量、安装日期、验收日期等信息录入，建筑材料类型、名称、型号、生产单位、采购时间、采购数量等信息录入，建筑设备型号、生产单位、数量、分布位置、安装日期、使用现状等信息采集与录入。

（3）建筑内用户的水、电、气等使用的监测与管理，同时统计建筑能源、资源使用总量信息。

（4）建筑各个区域内照明设备的工作状态、控制与管理，每条支路的工作状态监控，不同空间区域的照明设备时间控制与场景控制。

（5）供配电系统中变压器运行状态监视与故障报警、柴油发电机运行状态监视与故障报警、UPS进出开关状态与蓄电池组电压监视、EPS供电电压与供电电流监测、EPS进出开关状态与蓄电池组电压监视；高压配电系统进线回路、馈线回路、进线断路器、母联断路器与馈线断路器参数监视；低压配电系统进线回路、出线回路、进线开关、母联开关、进出开关参数监视。

（6）冷源机组运行状态监视、故障报警、启停控制、累计能耗统计、热源机组运行状态监视、热交换器温度控制。

（7）冷冻水回水温度、压力监测，冷冻泵启停控制和状态显示、冷冻泵过载报警、冷冻水进出口温度、压力监测、冷却水进出口温度监测、冷却水泵启停控制和状态显示、冷却水泵故障报警、冷却塔风机启停控制和状态显示、冷却塔风机故障报警。

（8）空调机组送回风温度监测、室内外温/湿度监测、过滤器状态显示及报警、风机故障报警、室内二氧化碳浓度与空气质量监测。

（9）风机盘管机组的室内温度测量与控制、风机启停控制；送排风系统的风机启停控制和运行状态显示、风机故障报警。

（10）社区的人员信息、建筑及设备信息、生活缴费信息、服务中心信息等的统计与管理。

## 2.4　与传统 BMS 比较

传统建筑设备管理系统（Building Management System，BMS）集成模式以开放的建筑设备自动化系统为基础，将独立的安全防范系统、门禁系统及停车库管理系统等通过数据通信、协议转换等方式集成起来，并运行于楼宇自控系统（Building Automation System，BAS）中央监控管理级计算机，最终实现对各类系统的信息管理功能。传统 BMS 集成主要有 3 种模式：一是通过增加一个设备系统的输出接点接入另一个设备系统的输入接点，以点接方式进行系统集成；二是通过增加现场控制器串行通信接口与其他子系统进行通信，以串行通信方式进行系统集成；三是通过计算机网络技术连接其他系统，在各系统顶层实现楼宇自控的系统集成。

传统 BMS 集成模式虽然能将建筑内各系统连通，但是仍然存在着明显的缺点。①该集成模式下 BAS 相对封闭，可扩展性差，系统更改、变动成本高，若 BAS 死机会导致整个 BMS 失去正常的工作能力。②传统 BMS 集成模式局限性强，接口设备与接口软件仅限于特定产品，组网成本与后期维护成本高。③传统 BMS 集成模式人机交互效果差，普通用户难以获取访问权限、无法获得建筑运行状态信息。

建筑运维智慧管控平台与传统 BMS 相比具有明显的优势，主要体现在以下几个方面。①建筑运维智慧管控平台将物联网技术、云计算技术、人工智能技术与环境监测、设备监控、物业管理、能源资源管理等系统在感知层、网络层、功能层、服务层、应用层深入融合，进而实现对建筑或建筑群进行实时监控、管理与调度。②建筑运维智慧管控平台采用泛在接入、便捷服务的思想，人机交互友好、开放程度高，已授权的管理人员和普通用户都可以通过平台获得各自所需的信息，可以随时随地获取建筑运维信息。③建筑运维智慧管控平台采用 B/S 网络架构并结合云计算技术，有效降低了系统的搭建、扩展、维护与变动成本。

## 2.5 建筑运维智慧管控平台硬件架构及组网

建筑运维智慧管控平台的硬件架构有三层，分别为数据采集层、现场控制器层和管理层。

数据采集层包含空调系统、照明系统、冷热源系统、供配电系统、电梯系统、智能燃气表，以及智能电表；现场控制器层主要包括 PLC 设备、无线数据采集器、有线数据采集器、现场控制器，可将数据采集层采集到的数据进行本地存储、简单分析以及对管理层的数据通信；管理层则包括应用服务器、数据库以及通信管理服务器，主要进行数据的存储与分析。

数据采集层采集到的各类数据一般可通过建筑运维智慧管控平台或第三方数据协议来传输，也可布置独立智能数据采集单元，常用的通信协议方式有 Modbus 通信协议、BACnet 通信协议、Field bus 通信协议。建筑设备能耗分项计量设计非常重要，是能耗数据采集的前提；合适的分项能耗计量设计，可以将分散在多个用电支路中的耗能设备进行量化管理。数据存储在管理层数据库中，一般使用大型关系型数据库，数据库可以和数据采集与监视控制系统/楼宇自动化系统共用，也可独立设置数据库服务器。

管理人员可以从服务器数据库中直接读取数据，也可以把原始数据与建筑设备基础信息、报警信息结合处理后，形成新的数据。能耗数据分析是建筑运维智慧管控平台的核心，通过对建筑累积能耗数据统计、分析，将虚拟建筑能耗模型和实体建筑能耗对比，从而分析出能源消费趋势，找到最佳的节能策略，实现传统能源管理向智能能源管理的转变，即从粗放式向集约化管理的转变、从被动节能到主动节能的转变。建筑运维智慧管控平台硬件架构如图 2.3 所示。

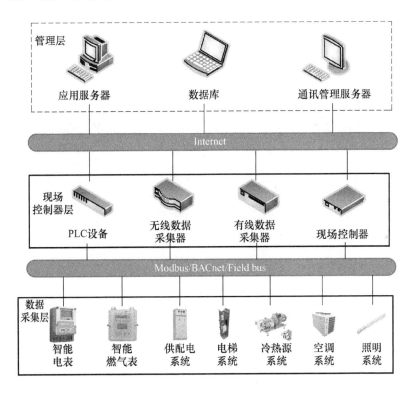

图 2.3　建筑运维智慧管控平台硬件架构

## 2.6 云服务器配置

Nginx 是一款轻量级的 HTTP 服务器,其采用事件驱动的异步非阻塞处理方式框架,具有极好的 I/O 性能,常用于服务端的反向代理和负载均衡。本节将具体介绍云服务器配置的操作过程。

### 2.6.1 服务器下载

Nginx 服务器的官方下载网站首页,如图 2.4 所示。

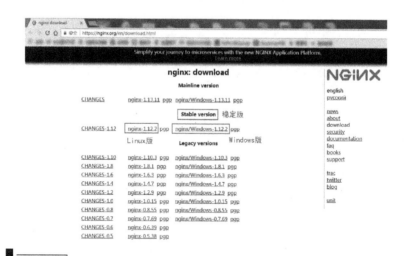

图2.4彩图

**图 2.4　Nginx 服务器的官方下载网站首页**

在官方网站中选择适合自己系统的 Nginx 服务器安装包。本章的建筑运维智慧管控平台采用的阿里云服务器,其上安装的是 Centos 7 系统,而 Centos 7 系统是基于 Linux 建立的操作系统，拥有终端命令界面和图形界面。开发前需要先下载的是 Linux 版 Nginx-1.12.2 操作系统。

## 2.6.2　Linux 下安装 Nginx 模块包

基于 Nginx 操作系统的开发需要依赖 Gcc 编译器、SSL 功能需要 OpenSSl 库、gzip 模块需要 zlib 库，以及 rewrite 模块需要 Pcre 库 4 个模块包。各模块包的安装过程如下。

（1）安装 Gcc 编译器。

Gcc 是由 GNU 开发的编程语言编译器，可完成 Linux 下的 C、C++、Ada、Object C 和 Java 等语言的编译。使用命令 "yum-y install gcc" 进行安装，如图 2.5 所示。安装完成后查看编译器安装版本，使用命令 "gcc-v" 进行查看，以确认是否安装成功，如图 2.6 所示。

图2.5高清图

```
rwxr-xr-x. 10 root root  4096 May  9 04:26
root@pre-read /]# yum -y install gcc
```

**图 2.5　Gcc 编译器安装**

```
Thread model: posix
gcc version 4.8.5 20150623 (Red Hat 4.8.5-11) (GCC)
```
https://blog.csdn.net/qq_37345604

**图 2.6　查看 Gcc 编译器安装版本**

图2.6高清图

（2）安装 Pcre 库。

Pcre 是一个 perl 库，包括 perl 兼容的正则表达式库。Nginx 服务器中的 HTTP 协议模块需要使用 Pcre 来解析正则表达式。Pcre 十分好用，同时功能也很强

图2.7高清图

大，被广泛应用在许多开源软件中，最常见应用于
Apache HTTP 服务器和 PHP 脚本语言。Pcre 库安装
较为简单，使用命令"yum install-y pcre pcre-devel"
即可安装，如图 2.7 所示。

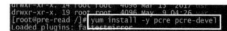

图 2.7　安装 Pcre 库

（3）安装 zlib 库。

Zlib 库提供了很多种压缩和解压方式，Nginx 服务器使用 zlib 包
HTTP 包的内容进行压缩和解压。使用命令"yum install-y zlib zlib-devel"进行安装，安装过程与 Pcre 库的安装过程一致。

（4）安装 OpenSSl 库。

OpenSSl 是 Web 安全通信的基石，是一个开放源代码的软件包，应用程序可以使用这个库来进行安全通信、避免窃听，同时可以确认另一端连接者的身份。OpenSSl 库广泛被应用在互联网的网页服务器上。使用命令"yum install-y openssl openssl-devel"进行安装，安装过程与 Pcre 库的安装过程一致。

## 2.6.3　Nginx 服务器安装与配置

（1）解压 Nginx 安装包。

当安装完 Nginx 服务器所需的模块包后，将进行 Nginx 服务器的安装与配置。使用命令"cd/usr/local/src"将 Nginx 服务器安装包解压到指定目录中，执行解压命令"tar-zxvf nginx-1.12.2.tar.gz"，将安装包解压到当前目录中。

（2）编译安装。

在完成 Nginx 安装包解压后，定位到下一级目录进行安装包的编译安装。使用命令"cd/usr/local/src/nginx-1.12.2/"切换到指定安装目录，依次执行". /configure""make""make install"三条命令进行安装。

（3）配置文件。

安装好 Nginx 服务器之后，需要对 Nginx. conf 文件进行配置，主要是对端口的配置，可以根据服务器的端口使用情况进行配置，如图 2.8 所示。

```
include         mime.types;
default_type    application/octet-stream;

#log_format  main  '$remote_addr - $remote_user [$time_local]
#                   '$status $body_bytes_sent "$http_referer"
#                   '"$http_user_agent" "$http_x_forwarded_fo

#access_log  logs/access.log  main;

sendfile        on;
#tcp_nopush     on;

#keepalive_timeout  0;
keepalive_timeout  65;

#gzip  on;

server {
    listen       80;
    server_name  localhost;

    #charset koi8-r;

    #access_log  logs/host.access.log  main;
```
https://blog.csdn.net/qq_37345604

图 2.8　端口的配置

（4）设置 Nginx 为系统服务。

配置完端口后，需要将 Nginx 服务器设置为系统服务，以便在后台保持运行。输入命令"vim/lib/systemd/system/nginx. service"对文件进行修改，修改后的文件内容如下。

图2.8彩图

［Unit］

Description＝nginx

After＝network. target

［Service］

Type＝forking

ExecStart＝/usr/local/nginx/sbin/nginx

ExecReload＝/usr/local/nginx/sbin/nginx-sreloadExecStop＝/usr/local/
　　　　　　nginx/sbin/nginx-sstop

PrivateTmp＝true

［Install］

WantedBy＝multi-user. target

（5）设置 Nginx 开机自启动。

为保证服务器重启之后，Nginx 能够自动开始运行，需要设置 Nginx 开机自启动，使用命令"systemctl enable nginx. service"进行设置。

（6）启动 Nginx 服务。

完成 Nginx 各种配置后，启动 Nginx 服务。将目录切换到/usr/local/nginx/sbin 下，如图 2.9 所示，使用启动命令". /nginx"进行启动。

图2.9高清图

图 2.9　切换到启动目录

（7）验证 Nginx 服务是否启动成功。

完成 Nginx 服务启动后，需验证服务是否启动成功。

使用命令"ps-ef｜grep nginx"进行验证，如图 2.10 所示。在虚拟机浏览器中访问测试页面：http://localhost。图 2.11 所示为 Nginx 服务启动成功证明。至此，Ngixn 安装和配置全部完成。

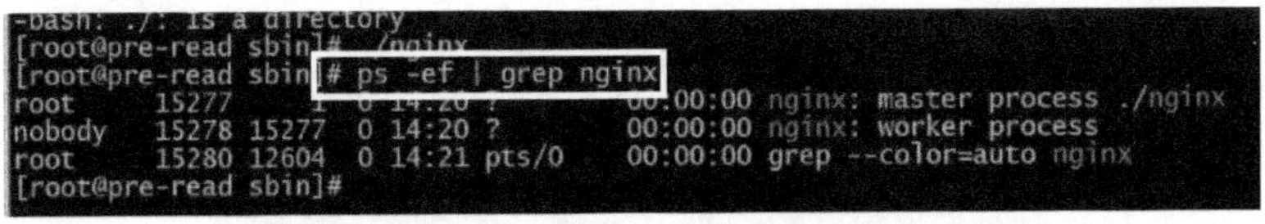

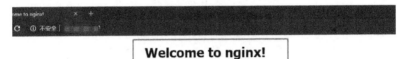

图 2.10　验证 Nginx 服务启动命令

图 2.11　Nginx 服务启动成功证明

图2.10彩图

# 2.7　下载并安装 MySQL

图2.11彩图

## 2.7.1　安装前准备

（1）检查是否已经安装过 MySQL。

在安装 MySQL 之前，要先检查是否安装过 MySQL。若已安装，再次安装将会产生冲突，导致安装失败。执行命令"rpm-qa |

图2.12彩图

grep mysql" 后发现系统中存在旧版本的 MySQL，如图 2.12 所示。从执行结果可以看出，我们已经安装了 mysql-libs-5. 1. 73-5. el6_6. x86_64 版本，执行删除命令 "rpm-e--nodeps mysql-libs-5. 1. 73-5. el6_6. x86_64"。

图 2.12　系统中存在旧版的 MySQL

（2）下载安装包。

在 Linux 操作系统下可使用下载命令直接下载 MySQL 的安装包，下载命令 "wget https://dev. mysql. com/get/Downloads/MySQL-5. 7/mysql-5. 7. 24-linux-glibc2. 12-x86_64. tar. gz"。

## 2.7.2　安装 MySQL

（1）解压安装包。

切换到 MySQL 安装包下载目录，使用解压命令 "tar xzvf mysql-5. 7. 24-linux-glibc2. 12-x86_64. tar. gz" 解压下载的安装包。解压完成后，可以看到当前目录下多了一个解压文件，移动该解压文件到/usr/local/下，并将文件名称修改为 "MySQL"。如果/usr/local/下已经存在名为 "MySQL" 的文件，请将已存在的文件修改为其他名称，否则后续步骤无法正确进行。

（2）创建 data 目录。

在/usr/local/mysql 目录下创建 data 目录，具体命令为 "mkdir/usr/local/mysql/data"。

（3）更改 MySQL 目录。

更改 MySQL 目录下所有的目录及文件夹所属的用户组和用户，以及权限。依次执行命令 "chown-R mysql：mysql/usr/local/mysql" "chmod-R 755/usr/local/mysql"。

（4）编译安装并初始化 MySQL。

完成 MySQL 相应权限更改后，即可进行编译安装。先定位到 MySQL 的 bin 目录下，使用命令 "cd/usr/local/mysql/bin"；再进行编译安装，使用命令 "./mysqld-initialize--user＝mysql--datadir＝/usr/local/mysql/data--basedir＝/usr/local/mysql"。

（5）MySQL 管理员临时登录密码。

编译安装成功后，输出日志。记住日志最末尾位置 root@localhost：后的字符串，此字符串为 MySQL 管理员临时登录密码，如图 2.13 所示。

```
[root@iZm5e6pcnm59rqaf6klkjcZ bin]# ./mysqld --initialize --user=mysql --datadir=
/usr/local/mysql/data --basedir=/usr/local/mysql
2019-02-13T08:35:17.265499Z 0 [Warning] TIMESTAMP with implicit DEFAULT value is
deprecated. Please use --explicit_defaults_for_timestamp server option (see docum
entation for more details).
2019-02-13T08:35:17.265546Z 0 [Warning] 'NO_ZERO_DATE', 'NO_ZERO_IN_DATE' and 'ER
ROR_FOR_DIVISION_BY_ZERO' sql modes should be used with strict mode. They will be
 merged with strict mode in a future release.
2019-02-13T08:35:17.265551Z 0 [Warning] 'NO_AUTO_CREATE_USER' sql mode was not se
t.
2019-02-13T08:35:18.292454Z 0 [Warning] InnoDB: New log files created, LSN=45790
2019-02-13T08:35:18.397198Z 0 [Warning] InnoDB: Creating foreign key constraint s
ystem tables.
2019-02-13T08:35:18.460920Z 0 [Warning] No existing UUID has been found, so we as
sume that this is the first time that this server has been started. Generating a
new UUID: 4b1afb46-2f6a-11e9-bbe7-00163e05dc9b.
2019-02-13T08:35:18.463323Z 0 [Warning] Gtid table is not ready to be used. Table
 'mysql.gtid_executed' cannot be opened.
2019-02-13T08:35:18.464564Z 1 [Note] A temporary password is generated for root@l
ocalhost: qsDtyd>Tx1p:
[root@iZm5e6pcnm59rqaf6klkjcZ bin]# vim /etc/my.cnf
```

图 2.13　MySQL 管理员临时登录密码

图2.13高清图

（6）配置文件。

编辑配置文件 my.cnf（表 2-1），添加配置。

表 2-1 my. cnf 配置文件

| 属性 | 作　用 |
| --- | --- |
| lower_case_table_names | 是否区分大小写。1 表示存储时表名为小写，操作时不区分大小写；0 表示区分大小写，且不能动态设置，修改大小写后，必须重启计算机才能生效 |
| character_set_server | 设置数据库默认字符集，如果不设置则默认为 latin1 |
| innodb_file_per_table | 是否将每个表的数据单独存储。1 表示单独存储；0 表示关闭独立表空间，可以通过查看数据目录，查看文件结构的区别 |

my. cnf 配置文件具体代码如下。

```
[root@localhost bin]#    vi/etc/my. cnf
[mysqld]
datadir＝/usr/local/mysql/data
port＝3306
sql_mode＝NO_ENGINE_SUBSTITUTION,STRICT_TRANS_TABLES
symbolic-links＝0
max_connections＝600
innodb_file_per_table＝1
lower_case_table_names＝1
character_set_server＝utf8
```

（7）测试启动。

完成配置文件的编辑后进行 MySQL 服务启动的测试，使用命令"/usr/local/mysql/support-files/mysql. server start"。若显示结果如图 2.14 所示，则说明数据库安装成功并可以正常启动。若出现错误信息提示"Starting MySQL...ERROR! The server quit without

updating PID file",则需查看是否存
在 MySQL 和 MySQL 服务,如果存在
(图 2.15),则结束进程,再重新执行
启动命令。查询、结束和启动 MySQL
服务的具体命令见表 2-2。

图2.14高清图

图2.15高清图

```
[root@iZm5e6pcnm59rqaf6klkjcZ bin]# /usr/local/mysql/support-files/mysql.server s
tart
Starting MySQL.                                                    [ OK ]
```

图 2.14  MySQL 启动成功

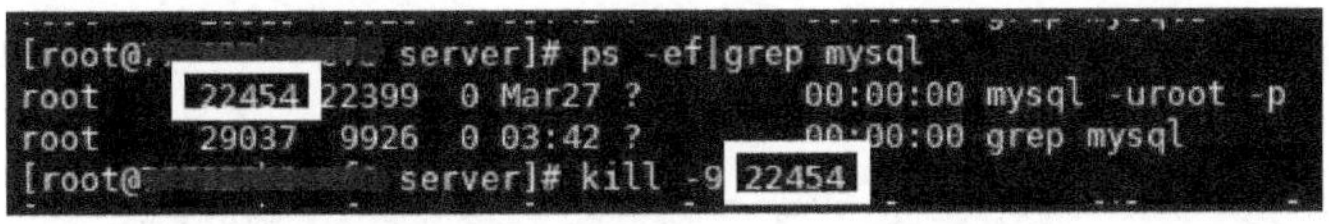

```
[root@          server]# ps -ef|grep mysql
root     22454 22399  0 Mar27 ?        00:00:00 mysql -uroot -p
root     29037  9926  0 03:42 ?        00:00:00 grep mysql
[root@          server]# kill -9 22454
```

图 2.15  存在 MySQL 服务

表 2-2  查询、结束和启动 MySQL 服务的具体命令

| 命令名称 | 命令代码 |
| --- | --- |
| 查询 MySQL | ps-ef \| grepmysql \| grep-v grep |
| | ps-ef \| grepmysqld \| grep-v grep |
| 结束 MySQL | kill - 9 PID |
| 启动 MySQL 服务 | /usr/local/mysql/support-files/mysql. server start |

(8)登录 MySQL 并修改密码。

MySQL 服务正常启动后,先使用步骤(5)中生成的 MySQL 管
理员临时登录密码进行登录,然后修改密码。需要注意的是,在输入
密码时,Enter password 后面不会有任何显示,此时实际是输入成功
的,输完密码后直接按 Enter 键即可。也可使用命令"mysql-u root-p+
密码",按 Enter 键后,即可直接进入数据库。具体操作过程如下。

```
[root@localhost/]#mysql-u root-p
```

Enter password：

```
mysql>set password for root@localhost=password('yourpass')
```

（9）开放远程连接。

为使数据库打破空间限制，可以和云平台及终端设备实现远程访问，需要开启 MySQL 的远程连接，操作如下。

```
mysql>use mysql；
msyql>update user set user. Host='％'where user. User='root'；
mysql>flush privileges；
```

当出现图 2.16 所示界面时，则表示 MySQL 远程连接开启成功。

```
mysql> use mysql;
Reading table information for completion of table and column names
You can turn off this feature to get a quicker startup with -A

Database changed
mysql> update user set user.Host='%' where user.User='root';
Query OK, 1 row affected (0.00 sec)
Rows matched: 1  Changed: 1  Warnings: 0

mysql> flush privileges;
Query OK, 0 rows affected (0.00 sec)

mysql>
```

**图 2.16 MySQL 远程连接开启成功**

图2.16高清图

（10）设置开机自启动。

为保证服务器重启之后，MySQL 服务能够自动开始运行，需要设置 MySQL 服务自启动，具体操作如下。

①将服务文件复制到 init. d 下，并重命名为 MySQL，使用命令"cp/usr/local/mysql/support-files/mysql. server/etc/init. d/mysqld"。

②赋予可执行自启动权限，使用命令"chmod＋x/etc/init. d/mysqld"。

③添加系统 MySQL 自启动服务，使用命令"chkconfig--add mysqld"。

至此，MySQL 安装与启动全部完成。

# 2.8　小　　结

首先，对建筑运维智慧管控平台进行了需求分析，提出了相应的方案设计；其次，提出了建筑运维智慧管控平台的总体架构，选定了建筑运维智慧管控平台 LNMP 软件解决方案；再次，对建筑运维智慧管控平台的组成及功能进行了概述，并指出其相对于传统 BMS 的优越性；最后，详细讲解了建筑运维智慧管控平台服务器搭建方法与详细步骤。

# 第 3 章

建筑环境监测
系统设计和
实现

建筑智能化首先使建筑通过传感技术感知建筑内外环境和建筑设备状态，实现数据传输、存储、处理和分析；然后利用先进的控制与决策技术，自主调节建筑中各设备系统，让建筑具有自动适应环境和自主服务人员的能力。使用建筑智能化系统不仅可以降低能耗，而且可以提高建筑设备系统的服务水平，因而得到了广泛推广。现阶段，我国建筑智能化系统覆盖面持续增长，其既面向新建建筑，又兼顾既有建筑改造。随着城镇化发展，建筑智能化系统已经不只是局限于单一建筑的系统设计，而是着眼于智慧园区和智慧城市的未来发展。以环境监控和能效管理等目标为导向的建筑智能化系统逐步完善，在一定程度上降低了建筑运行能耗随城镇化发展而持续增长的速度。推动建筑全寿命周期的可持续发展离不开建筑智能化系统。本章在上一章搭建的平台框架下，设计开发建筑环境监测系统，为建筑运维智慧管控平台提供环境数据。

建筑环境监测系统是在"云-管-端"集成平台架构下，整合建筑内、外部等环境信息的系统。它基于物联网技术实现各类数据的采集、传输、存储、统计、分析和可视化，为建筑或建筑群运行监测提供 Web 端平台。建筑环境监测系统主要针对建筑室内的空气品质、室外的大气环境和室内人员分布情况等进行监测，检测内容包含温/湿度、固体颗粒物浓度、甲醛浓度、二氧化碳浓度、光照度、人员数量等。Web 端监测参数的数据、表格、图等展示，并具有传感器故障报警、参数值超限报警和应急建议等功能。建筑环境监测系统具有报表生成功能，为用户提供各种环境参数历史数据报表，包括日报表、月报表、年报表，便于用户进行后续的建筑内、外部环境分析和态势预测。建筑环境监测系统结构如图 3.1 所示，其设计包含如下内容。

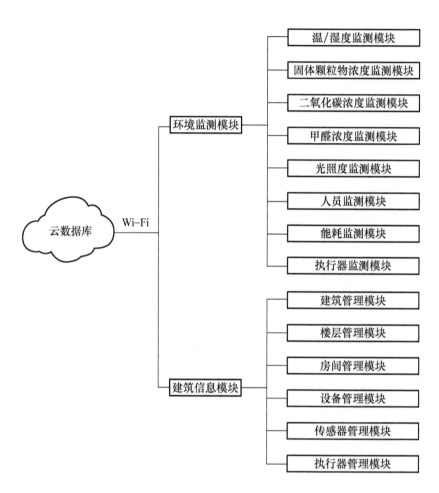

图 3.1　建筑环境监测系统结构

（1）研制环境监测模块（包括温/湿度监测模块、固体颗粒物浓度监测模块、二氧化碳浓度监测模块、甲醛浓度监测模块、光照度监测模块、人员监测模块、能耗监测模块）和建筑信息模块等智能硬件，上述智能硬件需具备与云数据库的双向通信数据通道。开发建筑环境监测系统的网络通信功能，系统可通过 Web 端提供环境数据的可视化展示。

（2）设计建筑环境监测系统的 E－R 模型，对数据结构进行逻辑分析，并使用相关工具开发云数据库。

（3）开发手机端的用户信息管理功能，包括信息录入、密码修改、密码找回、权限设置等。各类功能主要涉及添加、修改、查看、删除等基本操作。

（4）开发手机端的建筑信息模块，使用户可对建筑和设备的基本信息进行建筑管理、楼层管理、房间管理、设备管理、传感器管理、执行器管理等操作。

（5）开发系统的人员监测功能，为建筑内各空间单元人员监测提供服务，系统可通过 Web 端为用户提供人员状态信息的可视化展示。

（6）开发系统的能耗监测功能，主要涉及建筑总能耗计量、单元能耗计量和分项能耗计量，系统可通过 Web 端为用户提供能耗信息的可视化展示。

（7）在完成以上需求的基础上，还应考虑采用适当的理论方法，对云数据库中存储的海量数据进行处理分析。

# 3.1    建筑环境监测系统终端硬件研发

建筑环境监测系统中的智能终端硬件是基于 ArDuino 开发板设计的。Arduino 开发板是基于 ATmega328 芯片设计的，其静态随机存储器（Static Random Access Memory，SRAM）容量较小，这在一定程度上限制了 Arduino 的使用场景。为解决内存容量较小的问题，建筑环境监测系统的智能终端硬件采用物联网开发板 ESPDuino。

图3.2彩图

ESPDuino 开发板综合了物联网行业内流行的 ESP8266
系列模块与 Arduino 丰富的开发库，既集成了物联网发
展不可或缺的 Wi‐Fi 功能，又解决了 Arduino 内存容量
较小的问题。ESPDuino 开发板价格低廉，在物联网行业
应用得较好，其实物如图 3.2 所示。

**图 3.2　ESPDuino 开发板**

ESPDuino 开发板最重要的功能之一就是其集成的 Wi‐Fi 功能，
ESPDuino 开发板具备 ESP8266 系列模块的两种无线访问接入模式，
即 Soft_AP（Soft Access Point）模式和 STA（Station）模式。在无
线 AP（Soft_AP）模式下，ESP8266 模块通过驱动程序提供与无线
AP（Access Point）类似的信号转接和路由等功能，其内部整合化的
驱动软件可为首次接入网络的终端设备配置提供很大的便利。在

STA 模式下，系统不接受无线网络接入，只可连接到 Wi‑Fi 或无线 AP（Soft_AP）与建筑环境监测系统进行通信。

## 3.1.1 建筑环境监测系统终端模块程序设计与开发

建筑环境监测终端模块包括温/湿度模块、固体颗粒物浓度模块、有害气体浓度模块、红外热释电模块等，这些终端模块的程序均按照模块化思想设计，其设计流程具有相似性，主要分为模块初始化、等待配置过程、程序主循环三个部分，如图 3.3 所示。①模块上电后进入模块初始化，读取保存参数，接着进入等待配置过程。②进入等待配置过程时，LED 将会快速闪烁并开始判断 flash 键是否按下。通过判断 flash 键按下的时长来选择模式：当 flash 键长时间按下时，恢复出厂设置；当 flash 键短时间按下时，进行 Smartconfig 参数配置，若配置成功则可保存 Wi‑Fi 名称和密码，若配置失败则重启模块。如果未检测到 flash 键按下但启动未超过 5s，则等待配置。如果未检测到 flash 键按下且启动超过 5s，则开启 STA 模式。开启 STA 模式并监测 Wi‑Fi 是否能连接 Internet，如果不能连接 Internet，则进入 Soft_AP 模式并继续启动 Http Server，通过连接 Wi‑Fi，重新配置 STA 模式的信息，并重启 Wi‑Fi 模块进入 STA 模式尝试连接 Internet。连接成功之后 Wi‑Fi 模块进入程序主循环。③程序主循环中处理的函数功能包括检查 Wi‑Fi 状态、Http Server 状态、传感器传回数据采集和处理和开启 TCP Client 状态。具体流程为先检查 Wi‑Fi 连接状态；如果是首次连接，LED 灯将常亮，开启 TCP Client 后进入检查 Http Server 状态；如果不是首次连接，则直接进入检查 Http Server 状态；Wi‑Fi 状态检查完成后，检查 Http Server 状态，在该状态下可以发送页面内容，保存页面参数，以及进行 OTA 固件

升级。检查 Http Server 状态之后便是传感器数据采集和处理，数据
采集和处理完成后开启 TCP Client 模式发送数据至建筑运维智慧管
控平台。

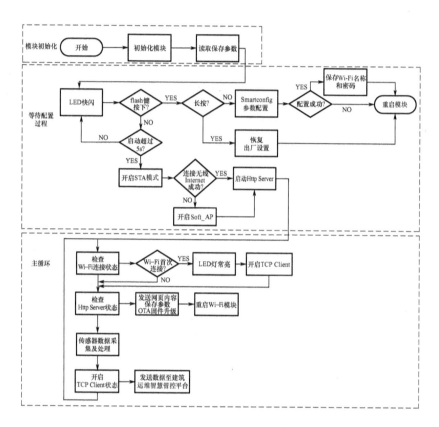

图 3.3 建筑环境监测系统终端模块程序设计流程

## 3.1.2 建筑环境监测系统终端模块无线网络配置

各种类型的建筑环境监测系统终端模块与建筑运维智慧管控平台

实现数据交互的核心技术是 Wi-Fi 通信技术。Wi-Fi 通信的步骤如下，当已知无线网络的服务标识集（Service Set Identifier，SSID）、名称和密码时，初始化模块开始后首先读取带电可擦可编程只读存储器（Electrically Erasable Programmable Read Only Memory，EEPROM）内的配置信息，然后开启 STA 模式连接默认配置的 Wi-Fi 网络，同时实时监测 Wi-Fi 网络连接状态，确认是否已经连接网络。配置 Wi-Fi 网络的关键程序如下。

```
#define DEFAULT_APSSID      "Building"      //AP 模式下的 SSID
#define DEFAULT_STASSID     "Actu"          //STA 模式下的 SSID
#define DEFAULT_STAPSW      "2819966452"    //STA 模式下的密码
#define DEFAULT_SENSORID    "18"            //传感器 ID
#define DEFAULT_SENSORTYPE  "2"             //传感器类型
```

在 STA 模式下，如果连接无线 Internet 成功，那么建筑环境监测系统终端模块可直接与建筑运维智慧管控平台实现数据交互。若无法连接到无线 Internet 时，终端模块则进入 AP 模式。例如，当终端模块首次工作时，由于 STA 模式下无线模块内部初始 SSID 和密码与现场的 Wi-Fi 名称、密码不匹配，ESPDuino 自动进入 AP 模式建立无线网络热点，如图 3.4 所示。

在图 3.4 中，无线网络热点（Building-I18-T2_D2-E4-7D）前两组数据（Building-I18）表示环境监测传感器 ID，第三组数据（T2）表示传感器类型，后三组数据（D2-E4-7D）表示传感器模块的后三位 MAC 地址。此时，用户连接该无线网络热点（Building-I18_D2-E4-7D）后，在浏览器中输入 ESPDuino 固定的 IP 地址，即可进入模块配置页面对模块信息进行 STA 模式参数配置（图 3.5）。

图3.4彩图

图3.5彩图

**图 3.4　AP 模式下的无线网络热点**

**图 3.5　STA 模式参数配置**

## 3.2 建筑环境监测系统终端模块配置

图3.6彩图

### 3.2.1 温/湿度监测终端模块配置

温/湿度监测终端模块，如图 3.6 所示，采用 Si7021 温/湿度传感器，其使用专用的数字模块采集技术。温/湿度监测终端模块采用了通用异步收/发传输器（UniversalAsynchronous Receiver/Transmitter，UART）接口，Wi‐Fi 模块能够直接通过串口获取温/湿度数据。

图 3.6 温/湿度监测终端模块

温/湿度传感器读取温/湿度数据，在终端模块中对所采集的数据进行排序，并取中值，相关代码如下。

```
si7021. temperature＝Si. getTemperature();        //温度变量赋值
si7021. humidity＝Si. getHumidity();              //湿度变量赋值
    //采集的数据个数超过设定值
if(list_num＞＝MAX_ELEMENTS‐1)
{si7021. temperature_filter＝doquiksort(si7021. temperature,list);
    si7021. humidity_filter＝doquiksort(si7021. humidity,list1);
    list_num＝0;}
```

```
else                          //采集的数据个数未超过设定值
{doquiksort(si7021.temperature,list);  //对温度数据进行快速排序
 doquiksort(si7021.humidity,list1);}   //对湿度数据进行快速排序
```

## 3.2.2　光照度监测终端模块配置

**图 3.7　光照度监测终端模块**

图3.7彩图

光照度监测终端模块，如图 3.7 所示，集成了 B－LUX－V30B 光照度传感器，可测量 0～200000lx 光照强度值。该模块中的二极管的光谱响应根据人眼对环境光的响应进行优化，而且其内部的自适应增益电路可自动选择正确的流明范围优化测试，满负荷工作状态下消耗 0.7mA 电流。光照度监测终端模块内的 Wi－Fi 模块通过 I2C 通信方式与光照传感器进行通信，并获取数据，相关代码如下。

```
Lm=BLUX.getLumens();    //传感器采得光照度数据赋给 lx 变量
doquiksort(Lm);         //对数据进行快速排序
preLumensTick=millis(); //时间重置
```

## 3.2.3　固体颗粒物和甲醛浓度二合一监测终端模块配置

固体颗粒物和甲醛浓度二合一监测终端模块，如图 3.8 所示，集

成了 PMS5003S 固体颗粒物浓度和甲醛浓度二合一传感器，可测量 $0 \sim 500 \mu \mathrm{g} / \mathrm{m}^3$ 的固体颗粒物浓度值。传感器采集固体颗粒物浓度数据的具体原理是通过激光散射空气中的悬浮颗粒，传感器内部在同一时刻收集散射光，得到散射光随时间变化的曲线。根据米氏方程，计算出固体颗粒物的等效粒径，得到各种粒径的可吸入颗粒物数量。甲醛数据采集则采用电化学的处理方法并经过数据处理得到空气中甲醛浓度数据。

图 3.8　固体颗粒物和甲醛浓度二合一监测终端模块

固体颗粒物和甲醛浓度二合一监测终端模块内的 Wi-Fi 模块可通过 UART 和固体颗粒物浓度和甲醛浓度二合一传感器进行通信并采集数据，关键代码如下。

```
//对接收的固体颗粒物浓度数据与甲醛浓度数据进行处理
void parseUartPackage(char * p,size_t len)
｛ReadPM2.5(p)；                        //数据读取
    if(list_num>=MAX_ELEMENTS)
    //采集的数据个数超过设定值
    ｛pms5003s.PM2.5 _ filter = doquiksort（pms5003s.PM2.5，data _
list.list_PM2.5）；
```

```
pms5003s. formaldehyde _ filter = doquiksort (pms5003s. formaldehyde,
data_list. list_formaldehyde);}
else                              //采集的数据个数未超过设定值
    {doquiksort(pms5003s. PM2.5,data_list. list_PM2.5);
                                  //固体颗粒物浓度数据排序
doquiksort(pms5003s. formaldehyde,data_list. list_formaldehyde);}}
                                  //甲醛浓度数据排序
```

## 3.2.4  人员状态监测终端模块配置

人员状态监测终端模块（图 3.9）集成了 HR‐SR501 人体红外传感器。该传感器是基于红外控制模块，当人员进入传感器监测范围时，人员监测终端模块输出高电平信号；否则持续输出低电平信号。

图3.9彩图

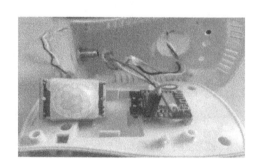

**图 3.9  人员状态监测终端模块**

人员状态监测终端模块内的 Wi‐Fi 模块可持续读取模块 I/O 信号，以此判断建筑内是否有人，关键代码如下。

```
ttl＝digitalRead(Pin);              //读取引脚电平状态
if(ttl＝＝LOW)
```

```
trigger_LOW=true;
if(ttl==HIGH&&trigger_LOW)
{trigger++;
 trigger_LOW=false;
 hc_sr501.hc=LOW;                    //是否有人状态判断
 if(trigger>=2)
 {hc_sr501.hc=HIGH;}}
```

## 3.2.5　二氧化碳浓度监测终端模块配置

图3.10彩图

二氧化碳浓度监测终端模块（图3.10）采用非分光红外吸收原理，具有单气室双通道，可获取两种波长的红外光照射在接收器件上的光强的对应关系及变化；依据二氧化碳对两种波长的红外光的吸收比率函数，计算气室中的实际二氧化碳浓度。

Wi‐Fi模块可通过UART通信方式与二氧化碳传感器模块通信并接收数据，关键代码如下。

图3.10　二氧化碳监测终端模块

```
buffUart[buffUartIndex++]=DataSerial.read();  //读取串口数据
if (buffUartIndex>=MAX_PACKETSIZE-1)
{buffUartIndex=MAX_PACKETSIZE-2;
  preUartTick=preUartTick-200;}
```

```
if(buffUartIndex>0)                    //读取二氧化碳浓度数据
{buffUart[buffUartIndex]=0x00;
  DataSerial. flush();
  parseUartPackage(buffUart,buffUartIndex);
  preUartTick=millis();
  buffUartIndex=0;}                    //时间重置
```

## 3.3　建筑环境监测系统模块数据库配置

　　针对如何实时采集并存储显示建筑设备运行参数数据、建筑室内环境状态参数数据等问题，建筑运维智慧管控平台采用实时数据高速缓存系统，结合关系数据库的数据存储方式。实时数据高速缓存系统可通过 TCP/IP 协议，获取底层硬件基于 HTTP 协议的通信信息，并对各类 HTTP 协议进行筛选与解析，实时获取底层建筑设备运行参数、建筑环境状态参数；同时为提高 Web 平台的实时显示能力，保障建筑运维智慧管控平台的后续开发能力，实时数据高速缓存系统需将建筑设备监控实时数据与建筑环境实时数据信息转存至关系数据库，方便管理人员与普通用户后期查阅。建筑运维智慧管控平台数据库总体架构，如图 3.11 所示。

　　在建筑运维智慧管控平台中，保证各类建筑设备运行数据、建筑环境状态参数数据的时效性对用户体验是至关重要的。为了实时采集和管理建筑设备的运行数据、建筑环境数据，为后续的建筑能耗预测等研究提供数据支持，实时数据高速缓存系统是必不可少的。实时数据高速缓存系统主要是为满足对当前建筑设备运行数据进行实时采集和存储工作、对历史数据进行转存至关系数据库工作的需求而设计的。

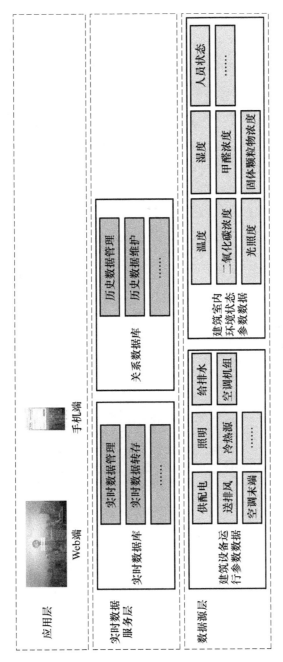

图 3.11　建筑运维智慧管控平台数据库总体架构

为了便于历史数据转存至关系数据库，同时也为了规范 HTTP
协议的编写格式，对实时数据缓存模型进行设计是必不可少的。实时
数据缓存模型包括温/湿度数据模型（表 3－1）、光照度数据模型
（表 3－2）、二氧化碳浓度数据模型（表 3－3）、固体颗粒物浓度数据
模型（表 3－4）、甲醛浓度数据模型（表 3－5）、人员状态数据模型
（表 3－6）。

表 3－1　温/湿度数据模型

| 名称 | 类型 | 注释 |
|------|------|------|
| cmd | varchar（11） | 数据类型 |
| device_id | int（11） | 传感器 ID |
| device_name | int（11） | 传感器类型 |
| temperature | float | 温度值 |
| humidity | float | 湿度值 |
| uid | varchar（50） | 账号 |
| key | varchar（50） | 密码 |

表 3－2　光照度数据模型

| 名称 | 类型 | 注释 |
|------|------|------|
| cmd | varchar（11） | 数据类型 |
| device_id | int（11） | 传感器 ID |
| device_name | int（11） | 传感器类型 |
| date | float | 光照度值 |
| uid | varchar（50） | 账号 |
| key | varchar（50） | 密码 |

表3-3  二氧化碳浓度数据模型

| 名称 | 类型 | 注释 |
|---|---|---|
| cmd | varchar（11） | 数据类型 |
| device_id | int（11） | 传感器 ID |
| device_name | int（11） | 传感器类型 |
| date | float | 二氧化碳浓度值 |
| uid | varchar（50） | 账号 |
| key | varchar（50） | 密码 |

表3-4  固体颗粒物浓度数据模型

| 名称 | 类型 | 注释 |
|---|---|---|
| cmd | varchar（11） | 数据类型 |
| device_id | int（11） | 传感器 ID |
| device_name | int（11） | 传感器类型 |
| date | float | 固体颗粒物浓度值 |
| uid | varchar（50） | 账号 |
| key | varchar（50） | 密码 |

表3-5  甲醛浓度数据模型

| 名称 | 类型 | 注释 |
|---|---|---|
| cmd | varchar（11） | 数据类型 |
| device _ id | int（11） | 传感器 ID |
| device _ name | int（11） | 传感器类型 |
| date | float | 甲醛浓度值 |
| uid | varchar（50） | 账号 |
| key | varchar（50） | 密码 |

表 3-6 人员状态数据模型

| 名称 | 类型 | 注释 |
|------|------|------|
| cmd | varchar (11) | 数据类型 |
| device_id | int (11) | 传感器 ID |
| device_name | int (11) | 传感器类型 |
| date | float | 人员数量值 |
| uid | varchar (50) | 账号 |
| key | varchar (50) | 密码 |

二氧化碳浓度数据表（Carbon_data）用于存储各二氧化碳浓度监测终端模块采集的数据，见表 3-7；甲醛浓度数据表（Formaldehyde_data）用于存储甲醛浓度终端监测模块采集的数据，见表 3-8；光照度数据表（Illumination_data）用于存储光照度终端监测模块采集的数据，见表 3-9；固体颗粒物浓度数据表（Particulate_Matter_data）用于存储固体颗粒物浓度终端监测模块采集的数据，见表 3-10；温/湿度数据表（Temperature_data）用于存储温/湿度终端监测模块采集的数据，见表 3-11；人员状态数据表（Human_data）用于存储个人员监测终端模块采集的数据，见表 3-12。

表 3-7 二氧化碳浓度数据表（Carbon_data）

| 字段名称 | 类型 | 主键 | 是否可以为空 | 注释 |
|----------|------|------|-------------|------|
| id | int (11) | 是 | 否 | 唯一标识 |
| Carbon_id | int (11) | 否 | 否 | 传感器 ID |
| concentration | float | 否 | 否 | $CO_2$ 浓度值 |
| company | varchar (50) | 否 | 否 | 单位 |
| accuracy | float | 否 | 否 | 采集精度 |
| time | datetime | 否 | 否 | 采集时间 |

表 3-8　甲醛浓度数据表（Formaldehyde_data）

| 字段名称 | 类型 | 主键 | 是否可以为空 | 注释 |
|---|---|---|---|---|
| id | int（11） | 是 | 否 | 唯一标识 |
| Formaldehyde_id | int（11） | 否 | 否 | 传感器 ID |
| concentration | float | 否 | 否 | 甲醛浓度值 |
| company | varchar（50） | 否 | 否 | 单位 |
| accuracy | float | 否 | 否 | 采集精度 |
| time | datetime | 否 | 否 | 采集时间 |

表 3-9　光照度数据表（Illumination_data）

| 字段名称 | 类型 | 主键 | 是否可以为空 | 注释 |
|---|---|---|---|---|
| id | int（11） | 是 | 否 | 唯一标识 |
| Illumination_id | int（11） | 否 | 否 | 传感器 ID |
| brightness | float | 否 | 否 | 光照度值 |
| lumens | float | 否 | 否 | 流明 |
| company | varchar（50） | 否 | 否 | 单位 |
| accuracy | float | 否 | 否 | 采集精度 |
| time | datetime | 否 | 否 | 采集时间 |

表 3-10　固体颗粒物浓度数据表（Particulate_Matter_data）

| 字段名称 | 类型 | 主键 | 是否可以为空 | 注释 |
|---|---|---|---|---|
| id | int（11） | 是 | 否 | 唯一标识 |
| Particulate_matter_id | int（11） | 否 | 否 | 传感器 ID |
| concentration | float | 否 | 否 | 固体颗粒物浓度值 |
| company | varchar（50） | 否 | 否 | 单位 |
| accuracy | float | 否 | 否 | 采集精度 |
| time | datetime | 否 | 否 | 采集时间 |

表 3－11　温/湿度数据表（Temperature_data）

| 字段名称 | 类型 | 主键 | 是否可以为空 | 注释 |
|---|---|---|---|---|
| id | int（11） | 是 | 否 | 唯一标识 |
| Temperature_id | int（11） | 否 | 否 | 传感器 ID |
| Temperature | float | 否 | 否 | 温度值/℃ |
| Humidity | float | 否 | 否 | 湿度值/（%） |
| accuracy | float | 否 | 否 | 采集精度 |
| time | datetime | 否 | 否 | 采集时间 |

表 3－12　人员状态数据表（Human_data）

| 字段名称 | 类型 | 主键 | 是否可以为空 | 注释 |
|---|---|---|---|---|
| id | int（11） | 是 | 否 | 唯一标识 |
| Human _ id | int（11） | 否 | 否 | 传感器 ID |
| state | float | 否 | 否 | 状态值 |
| time | datetime | 否 | 否 | 采集时间 |

# 3.4　建筑环境监测系统软件开发

## 3.4.1　建筑运维智慧管控平台主界面开发

建筑运维智慧管控平台主界面（图 3.12）分为建筑信息展示模块、天气预报模块和地图展示模块。三种模块在代码执行过程中需获取建筑信息模块的数据,其过程是运用 session 方法将建筑信息模块的数据存储在云服务器上,然后提取并识别信息,关键代码如下。

**图 3.12 建筑运维智慧管控平台主界面**

```php
<? php
$sql="select * from Architecture where id= $bid";
    //连接数据库获取建筑物 ID
$ret=send_execute_sql( $sql, $res,0);
foreach( $res as $row){
    $name= $row['name'];                              //建筑名称
    $b_id= $row['id'];                                //建筑 ID
    $ addtime= $ row['addtime'];                      //注册时间
    $ country= $ row['country'];                      //国家
    $ province= $ row['province'];                    //省
    $ city= $ row['city'];                            //市
    $ addr= $ row['addr'];                            //区
    $ time_zone_name= $ row['time_zone_name'];        //时区
    $ address= $ country. $ province. $ city. $ addr; //地址
    $ location= $ row['location'];                    //经纬度
```

```
    $ note= $ row['note'];                              //备注
    }
? >
```

天气预报模块包含了天气预报 JavaScript（以下简称 JS）实例，并将 JS 代码写入主界面的 .php 文件中。本实例可通过读取建筑的经纬度来识别其所在的城市或设置默认的城市；可自定义字体颜色、背景图案、背景颜色、图标等。本实例不只是单一的天气预报展示，而是包含各种生活指数的展示，这样就可通过不同的款式组合形成大量的样式，供用户使用。其关键代码如下。

```
<div class="text-center">
    <iframe name="weather_inc"
    src="http://i.tianqi.com/index.php? c=code&id=55&py=
    <? if( $ city=='济南'){echo'jinan';}else{echo Pinyin( $ city,
    1);};? >"
    frameborder="0"scrolling="no">
    </iframe>
</div>
```

地图展示模块在程序编译过程中调用了百度地图 JavaScript API。百度地图 JavaScript API 是一套由 JavaScript 编写的应用程序接口，可用于开发功能丰富、交互性强的地图，支持 PC 端和移动端基于浏览器的地图应用开发，且支持 HTML5 上加载地图模块。该应用程序接口免费对外开放，开发人员可无次数限制地使用，只需使用应用程序接口前申请密钥，如图 3.13 所示。

地图展示模块的界面和执行动作类似于百度地图网站上的交互地图，支持拖拽、缩放等功能。用户可通过编译 JavaScript 脚本来改变这些功能。比如，默认的 JS 文件内不包括鼠标滚轮缩放等操作，本文使用 map. enableScrollWheelZoom 方法来开启这个功能。地图展示模块的关键代码如下。

图3.13彩图

**图 3.13　百度地图 JavaScript API 密钥申请**

```
var point＝new BMap. Point( $ location)；          //读取位置信息
map. centerAndZoom(new BMap. Point( $ location),19)；
                          //初始化地图,设置中心点坐标和地图级别
map. enableScrollWheelZoom(true)；                //开启鼠标滚轮缩放
map. addControl(new BMap. MapTypeControl())；     //添加地图类型控制
var marker＝new BMap. Marker(point)；             //创建标注
map. addOverlay(marker)；                         //将标注添加到地图中
marker. setAnimation(BMAP_ANIMATION_BOUNCE)；
                                                 //跳动的动画
marker. enableDragging()；                        //可拖拽
```

### 3.4.2　固体颗粒物浓度监测界面开发

按固体颗粒物浓度将空气质量分为优、良、轻度污染、中度污染、重度污染和严重污染六个等级，见表 3-13。

表 3-13  按固体颗粒物浓度划分空气质量等级

| 空气质量等级 | 固体颗粒物浓度/（μg/m³） |
|---|---|
| 优 | 0～35 |
| 良 | 35～75 |
| 轻度污染 | 75～115 |
| 中度污染 | 115～150 |
| 重度污染 | 150～250 |
| 严重污染 | ＞250 |

图3.14彩图

固体颗粒物浓度监测界面的设计与实现可参照相应的分级标准，界面显示结果分为固体颗粒物浓度数据记录表（图 3.14）和固体颗粒物浓度数据折线图（图 3.15）。

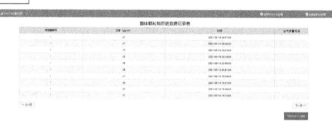

图 3.14  固体颗粒物浓度数据记录表

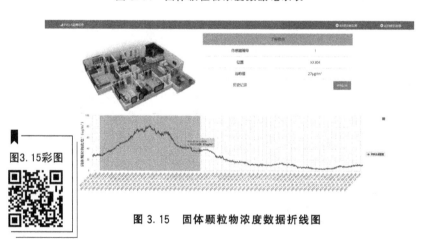

图3.15彩图

图 3.15  固体颗粒物浓度数据折线图

固体颗粒物浓度数据记录表按照时间以倒叙的形式记录了实验平台内传感器编号、固体颗粒物浓度值、采集时间等数据,这些记录可以 Excel 表格的形式导出,关键代码如下。

```php
<? php
  $ sql="SELECT * FROM`particulate_matter_data`where particulate_
matter_id='6'group by time desc";              //连接数据库
    $ ret=send_execute_sql( $ sql, $ res,0);     //发送语句
    foreach( $ res as $ row){
      $ particulate_matter_id= $ row['particulate_matter_id'];
                                                 //传感器 ID
      $ concentration= $ row['concentration'];   //浓度
      $ time= $ row['time']                      //采集时间
?>
<tr>
//Bootstrap 框架下表单动态显示
<td>
<? if( $ concentration<=35){echo"空气质量:优";}? >
    <? if( $ concentration<=75 and $ concentration>35){echo"空气
质量:良";}? >
    <? if( $ concentration<=115 and $ concentration>75){echo"空
气质量:轻度污染";}? >
    <? if( $ concentration<=150 and $ concentration>115){echo"空
气质量:中度污染";}? >
    <? if( $ concentration<=250 and $ concentration>150){echo"空
气质量:重度污染";}? >
    <? if( $ concentration>250){echo"空气质量:严重污染";}? >
```

</td>

</tr>

固体颗粒物浓度数据折线图的设计思路是，首先构造函数，绑定放置该折线图的容器；然后连接数据库，设置 $x$ 轴以数据采样时间为线索动态显示，设置曲线以数据为线索动态显示，进一步定义 $x$ 轴（如有必要）和 $y$ 轴的区间划分；最后使用 Highcharts 软件提供的可选择区间展示（zoomtype），使固体颗粒物浓度数据折线图可按时间轴局部放大，如图 3.16 所示。

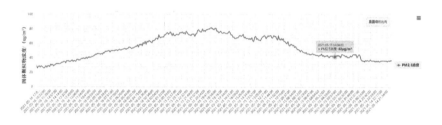

**图 3.16　固体颗粒物浓度数据折线图按时间轴局部放大**

### 3.4.3　温/湿度监测界面开发

温/湿度监测界面分为温/湿度数据记录表（图 3.17）、温度数据折线图和湿度数据折线图。温/湿度数据记录表按照时间以倒叙的形式记录了实验平台的传感器编号、温度值、湿度值、采集时间和备注等历史数据，这些记录可以 Excel 表格的形式导出。

温度数据折线图（图 3.18）和湿度数据折线图（图 3.19）的设计思路与固体颗粒物浓度数据折线图的设计思路大致相同，配置折线图的具体步骤如下。

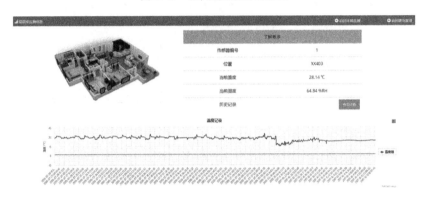

图 3.17 温/湿度数据记录表

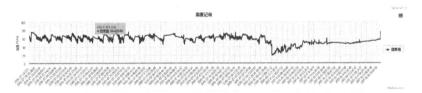

图 3.18 温度数据折线图

图 3.19 湿度数据折线图

（1）设置折线图的高度和宽度。若没有设置，默认的宽度为400px，高度为400px；也可通过折线图容器属性 chart.reflow 使其自适应显示。

（2）设置折线图的属性。折线图属性包括边框样式、折线图背景、折线图外边距和折线图内边距等。

（3）配置绘图区。配置绘图区可定义的属性有折线图背景颜色、折线图边框颜色、折线图边框宽度和折线图投影等。

（4）折线图缩放和平移。折线图缩放和平移可定义的属性有缩放类型、重置缩放比例、选中背景色和平移等。

### 3.4.4 二氧化碳浓度监测界面开发

二氧化碳浓度监测界面分为二氧化碳浓度数据记录表（图 3.20）和二氧化碳浓度数据折线图（图 3.21）。二氧化碳浓度数据记录表按照时间以倒序的形式记录了实验平台的传感器编号、二氧化碳浓度值、采集时间和操作等历史数据，这些记录可以 Excel 表格的形式导出。通常室内二氧化碳浓度为（1000～2000）ppm 时，空气比较浑浊，需设置超出阈值提示；浓度超过 2000ppm 时，引发室内人员头痛等症状的概率大大提升，需设置建议开窗通风或开启通风设备提示。

图 3.20 二氧化碳浓度数据记录表

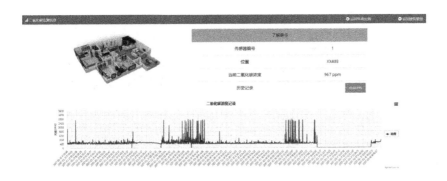

图 3.21 二氧化碳浓度数据折线图

二氧化碳浓度数据折线图右上角的功能按钮为用户提供打印、保存图片和导出等。

图3.21彩图

### 3.4.5 甲醛浓度监测界面开发

甲醛浓度监测界面分为甲醛浓度数据记录表（图 3.22）和甲醛浓度数据折线图（图 3.23）。甲醛浓度记录表按照时间以倒叙的形式记录了实验平台的传感器编号、甲醛浓度值、采集时间和备注等历史数据。

图 3.22 甲醛浓度数据记录表

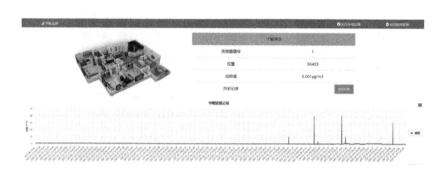

图 3.23　甲醛浓度数据折线图

图3.23彩图

### 3.4.6　光照度监测界面开发

　　光照度监测界面分为光照度数据记录表（图 3.24）和光照度数据折线图（图 3.25）。光照度记录表按照时间以倒叙的形式记录了实验平台的传感器编号、光照度值、采集时间和备注等历史数据。

图 3.24　光照度数据记录表

82

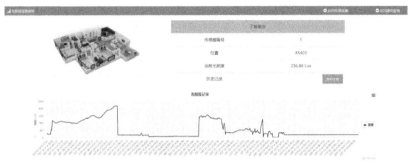

图 3.25　光照度数据折线图

图3.25彩图

## 3.4.7　人员状态监测界面开发

人员状态监测界面分为人员状态记录表（图 3.26）和人员状态散点图（图 3.27）。人员状态记录表按照时间以倒叙的形式记录了实验平台的传感器编号、人员状态、采集时间和备注等历史数据。状态为 0 表示目标空间单元内无人；状态为 1 表示目标空间单元内有人。

人员状态记录表需要在 Bootstrap 框架下，使表单动态展示数据。人员状态散点图需要调用 Highcharts 框架完成数据可视化。获取数据的关键代码如下。

```php
<? php
$ sql="SELECT * FROM`Human_data`WHERE Human_id= '20 'group
by time DESC LIMIT $ limit_st, $ page_num";        //连接数据库
$ ret=send_execute_sql( $ sql, $ res,0);           //发送语句
foreach( $ res as $ row){
    $ id= $ row['id'];
    $ Human_id= $ row['Human_id'];                 //传感器 ID
```

```
        $ state= $ row['state'];                    //人员状态
        $ time= $ row['time']                        //采集时间
    ?＞
```

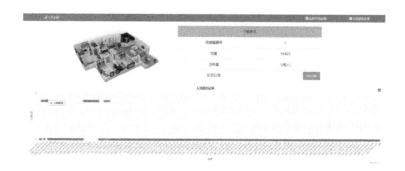

图 3.26　人员状态记录表

图 3.27　人员状态散点图

图3.26彩图

图3.27彩图

# 3.5 小　　结

本章针对建筑运维智慧管控平台中的建筑环境监测系统进行了设计和实现，主要内容包括建筑环境监测系统终端硬件开发、终端模块配置、模块数据库配置、软件开发四个方面。详细说明了建筑环境监测系统设计与实现：①通过硬件开发板 ESPDuino 与多种传感器相连，研制了系列监测模块，实现了温/湿度监测、光照度监测、固体颗粒物浓度监测、甲醛浓度监测、人员状态监测等功能；②对建筑环境监测系统界面进行了设计，完成了数据库的构建和建筑环境监测系统的研发。

# 第 4 章

## 建筑设备监控
## 系统设计与
## 软件开发

# 4.1　建筑设备监控系统特征

随着经济发展和人民生活水平的提高，建筑智能化系统进入了飞速发展时期，建筑内的设备种类与数量都在不断增长。为了保证建筑内所有设备处于高效、最佳的运行状态，建筑设备监控系统不断提升和发展。建筑设备监控系统（Building Automation System，BAS）主要包括照明监控系统、中央空调监控系统、供配电设备监测系统，具有对建筑设备测量、监视和控制功能，确保各类设备系统运行稳定、安全、可靠，并达到节能和环保的管理要求。然而，传统的建筑设备监控系统有一定的局限性，特别是在"以人为本"理念深入人心的二十一世纪，用户不仅关注建筑内外的生活环境、空气质量、能源资源使用等，还希望随时随地查看相关数据，从而能监控授权的设备。因此，传统的建筑设备监控系统已经满足不了新的需求，只有研发新一代的建筑设备监控系统，在节约资源能源、提升生活品质、管控建筑设备、保护环境等方面都有所提升；同时在个性化方面能随时随地监控建筑设备。

本章主要阐述建筑运维智慧管控平台中的建筑设备监控系统的设计与开发，以照明监控系统、中央空调监控系统、供配电设备监测系统等三个系统为例，详细介绍设计开发过程。建筑设备监控系统结构如图 4.1 所示。

（1）照明监控系统：综合考虑到新建建筑与既有建筑的照明监控需求，与传统照明监控系统的监控方式不同，本章的照明监控系统有以下优点：①用户可以通过云端利用手机、平板电脑等智能终端对授权的照明灯具及设备进行远程监控；②用户可以通过添加照明控制模块等简单操作实现对照明设备的远程控制；③分时能耗统计可统计以小时为单位的不同时间段的照明能耗数据，将系统能耗更加细分、直观化，可制定更有针对性的节能控制策略。

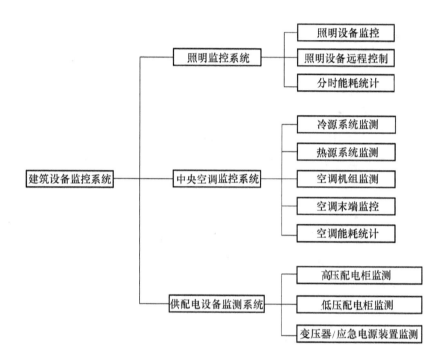

**图 4.1　建筑设备监控系统结构**

（2）中央空调监控系统：对建筑冷/热源系统中的冷水机组、冷冻泵、冷却泵、冷却塔风机、热源机组、循环泵提供状态监测、启/停控制与故障报警；对空调机组提供状态监测、启/停控制与故障报警，同时监测送回风温度、室内温/湿度、二氧化碳浓度等。考虑到既有建筑改造需求，中央空调监控系统为既有建筑用户提供了空调末端，如家用空调监控方案，用户可以通过添加家用空调设备控制模块等简单操作实现对家用空调的远程监控空调能耗统计可实时监控空调系统的能耗数据，并在人机交互页面进行显示。

（3）供配电设备监测系统：主要包括高压配电柜监控、低压配电柜以及变压器/应急电源装置监测。要求对高压配电柜的进线回路、馈线回路、进线断路器、馈线断路器、母联断路器提供状态监测；对低压配电柜的进线回路、出线回路、进线开关、出线开关、母联开关提供状态监测；对干式变压器提供运行状态监测与故障报警，对柴油发电机组、不间断电源装置等应急电源装置提供状态监测。

## 4.2　照明监控系统设计与开发

### 4.2.1　照明控制模块程序流程设计

为了便于建筑运维智慧管控平台的统一管理，提高平台的可复制能力，照明控制嵌入式硬件模块也使用 ESPDuino 作为核心控制板。照明控制嵌入式硬件模块程序设计流程分为模块初始化、等待配置过程、主循环三个部分，如图 4.2 所示。

①模块上电后进入模块初始化，读取保存参数，接着进入等待配置过程。②进入等待配置过程时，LED 将会快速闪烁并开始判断 flash 键是否按下。通过判断 flash 键按下的时长来选择模式：当 flash 键长时间按下时，恢复出厂设置；当 flash 键短时间按下时，进行 Smartconfig 参数配置，若配置成功则可保存 SSID 和密码，若配置失败则重启模块。如果未检测到 flash 键按下但启动时长未超过

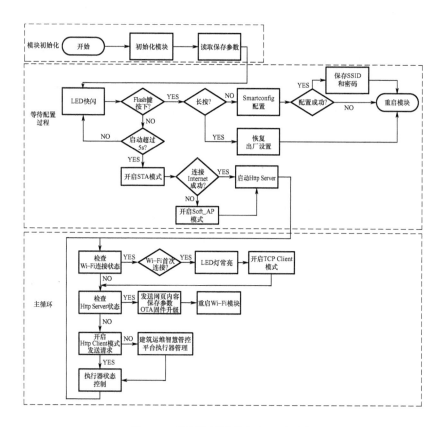

图 4.2　照明控制模块程序设计流程

5s，则等待配置。如果未检测到 flash 键按下且启动时长超过 5s，则开启 STA 模式。开启 STA 模式并监测 Wi-Fi 是否能连接 Internet，如果不能连接 Internet，则进入 Soft_AP 模式并继续启动 Http Server，通过连接 Wi-Fi，重新配置 STA 模式的信息，并重启 Wi-Fi 模块进入 STA 模式尝试连接 Internet。连接成功之后 Wi-Fi 模块进入程序主循环。③程序主循环中处理的函数功能包括检查 Wi-Fi 连接状态、检查 Http Server 状态、开启 TCP Client 状态和执行器状态控制。具体流程为先检查 Wi-Fi 连接状态：如果是首次连接，LED

90

灯将常亮，开启 TCP Client 后进入检查 Http Server 状态；如果不是首次连接，则直接进入检查 Http Server 状态；Wi-Fi 状态检查完成后，检查 Http Server 状态，在该状态下可以发送页面内容、保存页面参数，以及进行 OTA 固件升级。检查 Http Server 状态之后便是开启 TCP Client 状态，开启 TCP Client 状态并一直发送请求没有完成，需发送数据至建筑运维智慧管控平台执行器管理，如果有用户命令则返回执行器状态控制，若开启 TCP Client 状态且发送请求完成，则直接进入执行器状态控制。

## 4.2.2　照明控制模块配置

照明控制模块与建筑运维智慧管控平台实现数据交互的核心技术是 Wi-Fi 通信。当已知 Wi-Fi 的 SSID、名称和密码时，照明控制模块首先读取 EEPROM 内的配置信息，然后开启 STA 模式，连接默认配置的 Wi-Fi，并实时监测 Wi-Fi 的连接状态。配置 Wi-Fi 网络的关键程序如下。

```
#define DEFAULT_APSSID   "Building"      //AP 模式下的 SSID 号
#define DEFAULT_STASSID"Actu"            //STA 模式下的 SSID 号
#define DEFAULT_STAPSW   "2819966452"   //STA 模式下的密码
#define DEFAULT_ACTUID"18"              //控制模块 ID
```

若 STA 模式下连接 Wi-Fi 成功，则照明控制模块与建筑运维智慧管控平台可直接实现数据交互。若 STA 模式下无法连接到 Wi-Fi 时，则进入 Soft_AP 模式。例如，当硬件模块首次工作时，由于 STA 模式下的 Wi-Fi 初始 SSID 号和密码与现场的 Wi-Fi 名称和密码不匹配，ESPDuino 自动进入 AP 模式建立无线网络热点，如图 4.3 所示。

**图 4.3 ESPDuino 自动进入 AP 模式建立无线网络热点**

图4.4彩图

无线网络热点（Building－I34_93－1A－18）前两组数据（Building－I34）表示控制模块 ID，后三组数据（_93－1A－18）表示传感器模块的后三位 MAC 地址。当用户连接该无线网络热点（Building－I34_93－1A－18）时，在浏览器中输入 ESPDuino 模块固定的 IP 地址，即可进入 STA 模块配置页面对 STA 模块信息进行配置。AP 模式下配置 STA 模块信息，如图 4.4 所示。

**图 4.4 AP 模式下配置 STA 模块信息**

照明控制模块（图4.5）运行时会通过 Wi-Fi 模块持续地向建筑运维智慧管控平台发送请求并接收命令，建筑运维智慧管控平台会根据请求确定该控制模块是否在线。当照明控制模块处于在线状态时，用户可对该控制模块进行操作进而控制照明设备。

图4.5彩图

**图 4.5 照明控制模块**

当 Wi-Fi 模块接收到建筑运维智慧管控平台发出的控制命令时，Wi-Fi 模块向执行器发送控制信号，使电路断开或接通，其关键代码如下。

```
String str＝http. getString();          //如果返回值大于 0
strcpy(strbuff,str. c_str());
if(strstr(strbuff,"0")＝＝NULL)
{if(strstr(strbuff,config. sensorid)!＝NULL)
  {if(strstr(strbuff,"open"))          //执行器执行"开"操作
    {Sensor_OfforOn＝true;}
  else if(strstr(strbuff,"close"))     //执行器执行"关"操作
    {Sensor_OfforOn＝false;}}}
if(Sensor_OfforOn)
```

{digitalWrite(Pin,HIGH);}      //在引脚写高电平

else {digitalWrite(Pin,LOW);}    //在引脚写低电平

### 4.2.3　照明监控系统软件开发

照明监控系统隶属于建筑设备监控系统，用户在主界面的设备监控项目下选择照明监控即可进入照明监控系统。照明监控系统模块开发工作分为室内物品信息识别、照明控制与照明分时能耗统计三个部分，其界面如图 4.6 所示。照明分时能耗统计需获取关系数据库能耗信息表中的数据，在进行数据获取时使用了 Highcharts 图表框架，其关键代码如下。

图4.6彩图

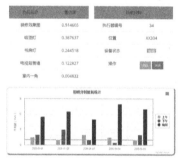

**图 4.6　照明监控系统界面**

```
<script>
var chart=new Highcharts. Chart( 'tu1',)
        chart:{renderTo:'container',      //div 标签
            type:'column',                //图表类型
        plotBorderColor:'♯C0C0C0',        //主图表边框颜色
```

```
            plotBorderWidth:3,          //主图表边框宽度
shadow:false,                           //是否设置阴影
zoomType:'xy'                           //拖动鼠标放大图表的方向
            }
        }
</script>
```

为了识别室内场景,照明监控系统采用了室内物品信息识别程序,这为场景控制奠定了基础。在进行室内物品信息识别模块开发时,照明监控系统采用了百度 AI 开放平台中的图像识别 PHP SDK,该 PHP SDK 接口免费对外开放,且支持浏览器图像识别功能开发,其开发步骤与调用百度地图 JavaScript API 相似,使用时需申请密钥(图 4.7)。若要提取图像识别信息进行展示,则需要用户自行编写程序。室内物品信息识别模块开发关键代码如下。

**图 4.7　图像识别 PHP SDK 密钥申请**

图4.7彩图

```
<?php
require_once'AipImageClassify.php';
const APP_ID= 'xxxxxxxxx';
    //百度开放平台获取 APP_ID AK SK
const API_KEY= 'Uxrxxx';
const SECRET_KEY= 'VGGvr9xxxxxxx';
```

```
$client = new  AipImageClassify（APP_ID, API_KEY, SECRET_
KEY）；
$image=file_get_contents( 'zm10. jpg')；
$a= $client ->advancedGeneral( $image)；   //调用通用物体识别
$arr= $a[ 'result']；                      //返回识别结果
```

　　照明控制界面为照明监控系统界面的核心内容，照明控制界面的优劣关系到用户体验质量。为了提高照明控制模块的响应速率，缓解照明设备远程控制的延时问题，照明控制界面采用了 memcached 高速缓存系统作为界面程序开发基础。当照明监控系统后台检测到执行器硬件在线时，则会给用户开放控制权限，每当用户单击"开启"或"关闭"按钮时，memcached 都会实时处理用户指令并反馈给底层照明控制模块。照明控制界面关键代码如下。

```
<?
$action=mysql_escape_string( $_GET[ 'action'])；   //获取按钮状态
$a_id= $_GET[ 'id']；$uid= $_SESSION[ 'uid']；
if( $action=="open"|| $action=="close"){
$k= $a_id. "_stat";
$stat=get_memcached( $k)；
if( $stat== '1'){                                 //设备在线
echo"<script language= 'javascript'>alert('命令发送成功')；</script>";
set_memcached( $k, $v,120)；                      //发送控制命令
}
locationjs( $_SERVER["HTTP_REFERER"])；
    return;}
? >
```

# 4.3　中央空调监控系统设计

## 4.3.1　控制内容和控制方式

中央空调监控系统是现代建筑中不可或缺的一部分，是保证室内环境舒适的关键环节，在办公建筑及商业建筑的应用越来越多，中央空调监控系统包含冷热源监测、空调机组监测、空调末端监控等，实现中央空调系统的智能控制，监测各部分的运行状态，并能故障报警和生成各种报表等。中央空调监控系统的监控项目主要包括启停控制、顺序控制、新风和回风阀自动控制、温度控制、湿度控制、过滤器监测及防冻报警。

（1）启停控制：空调机组监测系统根据预先设定的时间程序自动启/停送风机，每台机组都设定每周工作的天数，每天设定 4~8 条工作时间通道，并另设定特殊工作日及节假日的时间。开启中央空调系统后，检测送风机的运行状态、故障状态，如有异常则发出警报并记录报警信息。

（2）顺序控制：中央空调系统设有固定的开关顺序。开启系统时，依次开新风阀、回风阀、送风机、盘管水阀；关闭系统时，依次关盘管水阀、送风机、回风阀、新风阀。

（3）新风风门和回风阀自动控制：夏季/冬季工况下，室外温度值远高于/低于新风温度值，新风风门按最小换气次数来决定其最小开度，并与风机同步开启。在保证室内空气质量的前提下，这种工作机制可以最大限度地节约能源。在过渡季工况下，调整新风风门的预设开度，最大限度地利用室外空气的焓值。回风阀开度根据新风温度、回风温度和设定温度可形成多种工况。无论出现哪种工况，均可以采用 PID 进行粗调节，使送风温度趋近于设定温度。

（4）温度控制：温度控制主要体现在盘管水阀的开度控制上。根据回风温度与设定温度的偏差，夏季时对冷盘管的电动水阀进行自动调节，冬季时对热盘管的电动水阀进行自动调节，从而使回风温度控制在设定的范围之内。

（5）湿度控制：根据回风的相对湿度来确定何时开启加湿阀。当相对湿度低于 35％时，开启加湿装置；当相对湿度达到 65％时，关闭加湿装置。

（6）过滤器监测：空调机组设有初效过滤器、中效过滤器，分别在其两端设置压差开关。当风机启动后，在过滤器前后会产生风压差；当过滤器堵塞时，风压差将大于压差开关的设定值，其接点闭合并发出过滤器堵塞的报警信号，提示过滤器已经堵塞，需要及时更换。

（7）防冻报警：当盘管温度过低时（通常在 5℃左右），低温防冻开关将发出报警信号，中央空调监控系统接收到报警信号后，会立刻停止风机的运行、关闭新风风门、将热水阀开至 100％。在报警信号没有排除之前，中央空调监控系统无法自动开启。当盘管温度达到正常时，自动重新启动风机、打开新风风门、恢复机组的正常工作。

## 4.3.2　中央空调监控系统实时数据模型

中央空调监控系统实时数据模型包括冷热源参数数据模型（表 4－1—

表4-3）和空调机组运行参数数据模型（表4-4、表4-5）。

**表4-1　冷热源参数数据模型（一）**

| 字段名称 | 类　　型 | 注　　释 |
|---|---|---|
| cmd | varchar（11） | 数据类型 |
| device_id | int（11） | 设备ID |
| device_name | int（11） | 设备类型 |
| pressure1 | int（11） | 进口压力 |
| pressure2 | int（11） | 出口压力 |
| state | varchar（30） | 启停状态 |
| alarm | varchar（30） | 故障状态 |
| uid | varchar（50） | 账号 |
| key | varchar（50） | 密码 |

**表4-2　冷热源参数数据模型（二）**

| 字段名称 | 类　　型 | 注　　释 |
|---|---|---|
| cmd | varchar（11） | 数据类型 |
| device_id | int（11） | 设备ID |
| device_name | int（11） | 设备类型 |
| pressure1 | int（11） | 进口压力 |
| pressure2 | int（11） | 出口压力 |
| temperature1 | int（11） | 进口温度 |
| temperature2 | int（11） | 出口温度 |
| uid | varchar（50） | 账号 |
| key | varchar（50） | 密码 |

表 4-3  冷热源参数数据模型（三）

| 字段名称 | 类　　型 | 注　　释 |
|---|---|---|
| cmd | varchar（11） | 数据类型 |
| device_id | int（11） | 设备 ID |
| device_name | int（11） | 设备类型 |
| oilp | int（11） | 润滑油压力 |
| oilt | int（11） | 润滑油温度 |
| state | varchar（30） | 启停状态 |
| alarm | varchar（30） | 故障状态 |
| uid | varchar（50） | 账号 |
| key | varchar（50） | 密码 |

表 4-4  空调机组运行参数数据模型（一）

| 字段名称 | 类　　型 | 注　　释 |
|---|---|---|
| cmd | varchar（11） | 数据类型 |
| device_id | int（11） | 设备 ID |
| device_name | int（11） | 设备类型 |
| xft | int（11） | 新风温度 |
| sft | int（11） | 送风温度 |
| xfh | int（11） | 新风湿度 |
| sfh | int（11） | 送风湿度 |
| lt | int（11） | 冷水温度 |
| rt | int（11） | 热水温度 |
| uid | varchar（50） | 账号 |
| key | varchar（50） | 密码 |

表 4-5　空调机组运行参数数据模型（二）

| 字段名称 | 类　型 | 注　释 |
| --- | --- | --- |
| cmd | varchar（11） | 数据类型 |
| device_id | int（11） | 设备 ID |
| device_name | int（11） | 设备类型 |
| state1 | varchar（30） | 风机启停状态 |
| alarm | varchar（30） | 风机故障状态 |
| state2 | varchar（30） | 压差开关状态 |
| pressure | int（11） | 滤网压差 |
| uid | varchar（50） | 账号 |
| key | varchar（50） | 密码 |

## 4.3.3　中央空调监控系统软件开发

中央空调监控系统隶属于建筑设备监控系统，用户在主界面设备监控项目下选择空调监控即可进入中央空调监控系统。中央空调监控系统界面包括空调机组监控界面和空调末端监控界面。

### 1. 空调机组监控界面

空调机组监控界面开发工作主要分为监测送风机参数、新风参数、送风参数、过滤器参数、冷/热水参数及阀门的开度调节。用户可按楼层、设备编号等筛选出相应设备以查看相关的数据信息。根据日、月、年等不同时间尺度，记录每一台空调机组的启停状态、送回风温度、送回风湿度，各点位监控参数需获取关键数据库各类参数信息表中的数据。空调机组监控界面如图 4.8 所示。

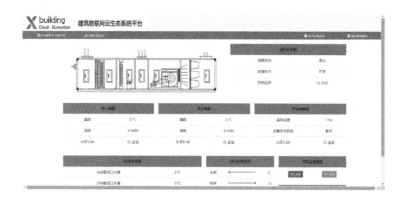

**图 4.8　空调机组监控界面**

图4.8彩图

历史记录功能可按照时间来查看各机组的启/停状态和故障状态，并提供了数据的下载功能，可直接导出 Excel 表格。在空调机组监控界面中单击"历史记录""查看"图标可进入该功能，其关键代码如下。

```
function table2excel(tableid){          //整个表格复制到 Excel 中
if(getExplorer()=='ie'){
var curTbl=document. getElementById(tableid);
var oXL=new ActiveXObject("Excel. Application");
    //创建 AX 对象 Excel
var oWB=oXL. Workbooks. Add();//获取 Workbook 对象
var xlsheet=oWB. Worksheets(1)；//激活当前 Sheet
var sel=document. body. createTextRange();
sel. moveToElementText(curTbl);
    //把表格中的内容移到 TextRange 中
sel. select();                          //全选 TextRange 中内容
```

```
sel. execCommand("Copy");        //复制 TextRange 中内容
xlsheet. Paste();                //粘贴到活动的 Excel 中
oXL. Visible=true;               //设置 Excel 可见属性
}}
```

### 2. 空调末端监控界面

空调末端监控界面开发工作分为控制参数、控制设备连接、控量信息、阀门开度调节和空调末端能耗统计，如图 4.9 所示。空调末端能耗统计需获取关系数据库能耗信息表中的数据。数据获取采用 Highcharts 图表框架，其关键代码如下。

图4.9彩图

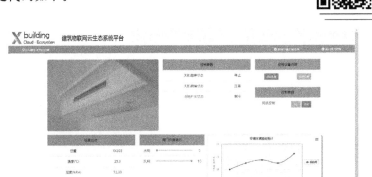

**图 4.9　空调末端监控界面**

```
<script>
var chart=new Highcharts. Chart('tu2',)
        chart:{renderTo:'container',       //div 标签
            type:'spline',                 //图表类型
plotBorderColor:'#C0C0C0',                 //主图表边框颜色
        plotBorderWidth:3,                 //主图表边框宽度
```

```
shadow:false,                          //是否设置阴影
zoomType:'xy'                          //拖动鼠标放大图表的方向
         }
     }
</script>
```

为了提高空调控制模块读取数据的响应速率，缓解空调设备远程控制延时问题，空调末端控制界面同样采用了 memcached 高速缓存系统作为界面开发基础。当中央空调监控系统后台检测到执行器硬件在线时，便会给用户开放控制权限。用户单击"开启"或"关闭"按钮时，memcached 会实时处理用户指令并反馈给底层空调末端控制模块。空调末端监控界面关键代码如下。

```
<?
$action= $_GET['action'];
  if( $action=="0"||$action=="1"){
    $zbz= $_GET['zb'];
    if( $zbz=='0'){
        $aid= $_GET['id'];
        if( $aid=='1'){
        $sql = " update 'zutai'. 's7200now' set m00 = ' $action '
        WHERE'zb'=0";
        $ret=send_execute_sql( $sql, $res,1);
        js_url("操作执行成功","Building_Device_6.php");
        return;
        }
        if( $aid=='2'){
            $sql = " update 'zutai'. 's7200now`set m01 = ' $action '
```

```
        WHERE'zb'=0";
            $ret=send_execute_sql($sql,$res,1);
    js_url("操作执行成功","Building_Device_6.php");
            return;
        }
    }
    }
    ?>
```

# 4.4 供配电监控系统设计

## 4.4.1 供配电监控系统主要监控内容

　　供配电监控系统主要是低压配电系统,其配电柜主要由进线柜、出线柜、电容柜、计量柜、联络柜等组成。进线柜是从电网接受电能,连接进线和母线。出线柜是分配电能,连接母线和各出线。进线柜和出线柜一般都安装有断路器、电压互感器、电流互感器、隔离刀等元器件。电容柜改善电网的功率因素,用于无功补偿,提高电能质量。计量柜主要用于计量电能,通常安装有隔离开关、熔断器、电压互感器、电力互感器、电能表、继电器等。联络柜又称母线联络柜,用于连接两段母线,从而保证供电稳定可靠。供配电监控系统主要功能是实现供配电系统中各设备的状态监控,统计用电量,向管理计算机提供通信接口,从而实现供配电的远程监控。供配电监控系统主要监控内容如下。监控进线的开关状态、跳闸报警；进线的电压、电流、功率因数；各出线的三相电压、电流、功率；有功功率、无功功率、电能、功率因数、频率等；母联开关和馈线断路器开关状态、故障信号。

## 4.4.2 供配电监控系统实时数据模型

供配电监控系统实时数据模型包括配电柜运行参数数据模型（一）（表 4-6）、配电柜运行参数数据模型（二）（表 4-7）、应急电源运行参数数据模型（表 4-8）、变压器运行参数数据模型（表 4-9）。

表 4-6　配电柜运行参数数据模型（一）

| 字段名称 | 类型 | 注释 |
| --- | --- | --- |
| cmd | varchar（11） | 数据类型 |
| device_id | int（11） | 设备 ID |
| device_name | int（11） | 设备类型 |
| voltage | int（11） | 电压 |
| current | int（11） | 电流 |
| frequency | int（11） | 频率 |
| power | int（11） | 有功功率 |
| rpower | int（11） | 无功功率 |
| factor | int（11） | 功率因数 |
| consumption | int（11） | 耗电量 |
| uid | varchar（50） | 账号 |
| key | varchar（50） | 密码 |

表 4-7　配电柜运行参数数据模型（二）

| 字段名称 | 类型 | 注释 |
|---|---|---|
| cmd | varchar（11） | 数据类型 |
| device_id | int（11） | 设备 ID |
| device_name | int（11） | 设备类型 |
| state | varchar（30） | 分/合闸状态 |
| alarm1 | varchar（30） | 故障报警状态 |
| alarm2 | varchar（30） | 跳闸报警状态 |
| uid | varchar（50） | 账号 |
| key | varchar（50） | 密码 |

表 4-8　应急电源运行参数数据模型

| 字段名称 | 类型 | 注释 |
|---|---|---|
| cmd | varchar（11） | 数据类型 |
| device _ id | int（11） | 设备 ID |
| device _ name | int（11） | 设备类型 |
| voltage | int（11） | 电压 |
| current | int（11） | 电流 |
| frequency | int（11） | 频率 |
| state1 | varchar（30） | 进开关状态 |
| state2 | varchar（30） | 出开关状态 |
| uid | varchar（50） | 账号 |
| key | varchar（50） | 密码 |

表 4-9　变压器运行参数数据模型

| 字段名称 | 类型 | 注释 |
|---|---|---|
| cmd | varchar（11） | 数据类型 |
| device_id | int（11） | 设备 ID |
| device_name | int（11） | 设备类型 |
| state | varchar（30） | 运行状态 |
| alarm1 | varchar（30） | 故障报警状态 |
| alarm2 | varchar（30） | 超温报警状态 |
| uid | varchar（50） | 账号 |
| key | varchar（50） | 密码 |

## 4.4.3　供配电监控系统软件开发

供配电监控系统属于建筑设备监控系统，用户在主界面设备监控项目下选择供配电监控即可进入供配电监控系统。供配电监控界面有三个子界面，分别为变压器/EPS 监控界面、高压配电柜监控界面、低压配电柜监控界面。

变压器/EPS 监控界面主要包括变压器的运行状态和累计时间，变压器超温报警和故障报警，柴油发电机运行状态、累计时间、油箱液位和故障报警，UPS 进出开关状态、蓄电池组电压，EPS 进出开关状态、供电电压电流、供电频率、蓄电池组电压。变压器/EPS 监控界面如图 4.10 所示。上述各参数数据统计需获取关系数据库监测点位信息表中的数据，界面加载时使用的 SQL 语句在相应数据表中查询，其关键代码如下。

```php
<?php
    $sql="select COUNT(*)from gjx";                          /// * SQL 语句 * /
    $ret=send_execute_sql($sql,$res,10);                     /// * 发送语句 * /
    $total_num= $res[0][0];                                  //总条数
    $page_num=9;                                             //每页条数
    $page_total_num=ceil($total_num/$page_num);              //总页数
    $page=empty($_GET['page'])? 1;$_GET['page'];             //当前页数
    $page=(int)$page;                                        //安全强制转换
    $limit_st=($page-1)*$page_num;                           //起始数
?>
```

**图 4.10 变压器/EPS 监控界面**

高压配电柜监控界面（图 4.11）和低压配电柜监控界面（图 4.12）分为进线回路参数、各馈线回路参数、进线断路器参数、母联断路器参数及馈线断路器参数。进线回路参数和各馈线回路参数包括电压、电流、有功功率、无功功率、功率因数、频率、耗电量，

图4.10彩图

进线断路器参数、母联断路器参数及馈线断路器参数包括分/合闸状态、故障状态及跳闸报警状态。

109

图 4.11　高压配电柜监控界面

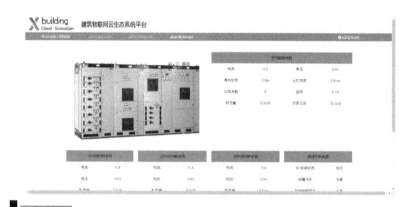

图 4.12　低压配电柜监控界面

图4.11彩图

图4.12彩图

　　供配电监控界面为用户提供历史数据查询，历史数据经分析、处理后，以报表、图形的形式展示，供建筑运维管理人员参考，使建筑运维管理人员能够便捷地掌握系统的运行状态及电能使用状况，从而可以及时发现系统故障。供配电监控界面还可提供快捷的远程监控手段，完成对设备运行状态的改变及事故情况的处理。图 4.13 所示为进线回路参数历史数据记录

界面，图 4.14 所示为馈线断路器参数
历史数据记录界面，图 4.15 所示为母
联开关参数历史数据记录界面。各参
数历史数据统计需获取关系数据库能
耗信息表中的数据，在进行数据获取

图4.13彩图

图4.14彩图

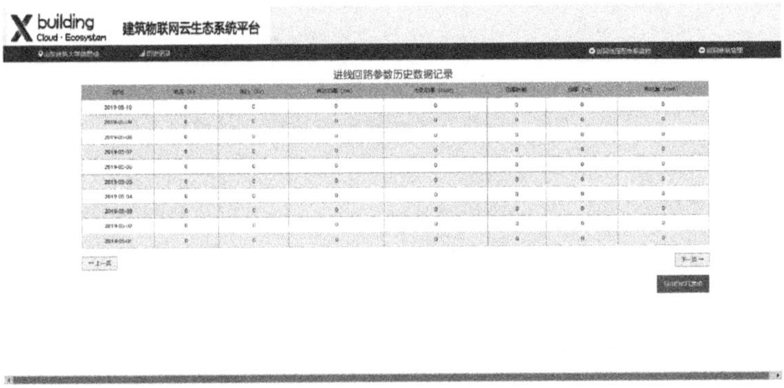

时使用了 Highcharts 图表框架，并提供了表格下载功能，其关键代
码如下。

**图 4.13 进线回路参数历史数据记录界面**

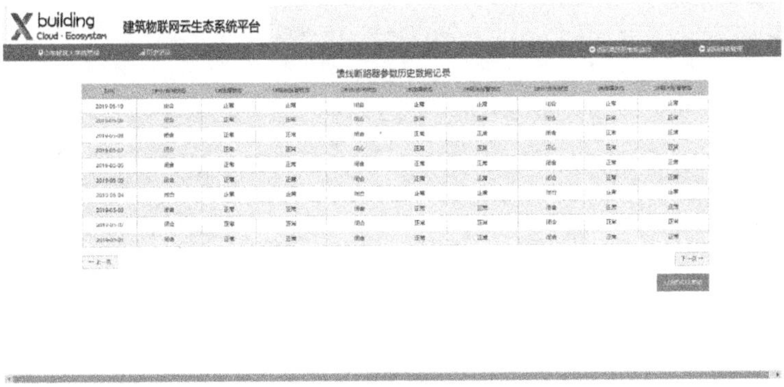

**图 4.14 馈线断路器参数历史数据记录界面**

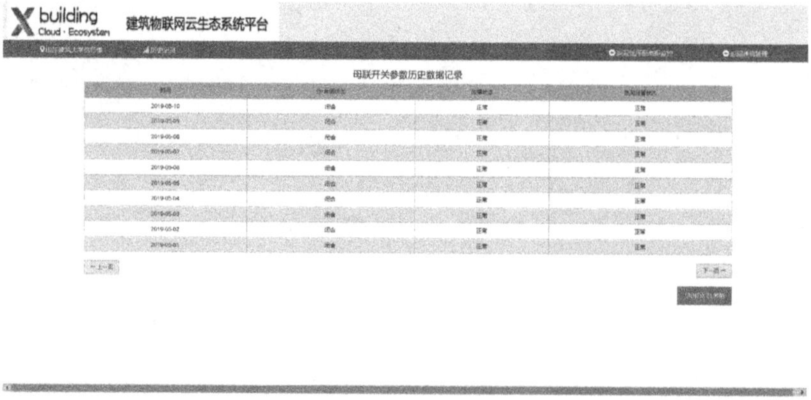

母联开关参数历史数据记录界面

**图 4.15 母联开关参数历史数据记录界面**

```
function table2excel(tableid){          //整个表格复制到 Excel 中
if(getExplorer()=='ie'){
var curTbl=document.getElementById(tableid);
    //创建 AX 对象 Excel
var oXL=new ActiveXObject("Excel.Application");
var oWB=oXL.Workbooks.Add();            //获取 Workbook 对象
var xlsheet=oWB.Worksheets(1);          //激活当前 Sheet
var sel=document.body.createTextRange();
    //把表格中的内容移到 TextRange 中
sel.moveToElementText(curTbl);
sel.select();                           //全选 TextRange 中内容
sel.execCommand("Copy");                //复制 TextRange 中内容
xlsheet.Paste();                        //粘贴到活动的 Excel 中
oXL.Visible=true;                       //设置 Excel 可见属性
}
}
```

图4.15彩图

112

# 4.5　小　　结

　　本章首先阐述了建筑设备监控系统的特征并结合用户需求，以此作为照明监控系统、中央空调监控系统与供配电监控系统的设计依据。其次，提出照明控制模块程序软硬件设计流程，开发了照明控制模块配置及照明监控系统软件。再次，对中央空调监控系统与供配电监控系统设计进行了详细介绍，并展示了中央空调监控系统平台界面与供配电监控系统平台界面。

# 第 5 章

## 建筑能耗模拟
## 与分析

# 5.1　建筑能耗模拟与分析软件

建筑能耗模拟与分析软件是计算与分析建筑的性能，辅助建筑系统设计、运行、改造，指导建筑节能标准制定的有力工具，已得到越来越广泛的应用。建筑能耗模拟与分析技术经过四十余年的不断发展，已经在建筑的各个阶段领域得到了较广泛的应用，贯穿于建筑的全寿命周期，包括设计、施工、运行、维护和改造等阶段。建筑能耗模拟与分析主要包括以下方面。

（1）建筑冷/热负荷计算：用于冷热源机组、空调设备等的选择。

（2）建筑能耗模拟与分析：用于设计或改造建筑时，帮助设计人员设计出符合当地节能标准的建筑。

（3）建筑能耗管理与控制模式制定：帮助管理人员制定建筑管理控制模式，以挖掘建筑的最大节能潜力。

（4）建筑经济性分析：帮助设计人员从费用和能耗两方面对设计方案进行评估。

据统计，目前全球建筑能耗模拟软件超过 100 种，其中具有代表性的软件为美国的 DOE－2、EnergyPlus、TRNSYS、Matlab，中国的 DeST。

（1）DOE－2。

DOE－2 由 JJH 与 LBNL 合作开发，是开发最早、应用最广泛的建筑能耗模拟软件，衍生了一系列模拟软件，如 eQuest，VisualDOE，EnergyPro 等。DOE－2 的结构是经典的 LSPE 结构，即系统由 Load 模块、System 模块、Plant 模块和 Economic 模块组成，如图 5.1 所示。

其 LSPE 结构如今仍被很多软件使用、改进与创新。

Load模块：按时间和区域顺序计算建筑负荷 → System模块：空调系统的模拟 → Plant模块：机房主机设备模拟 → Economic模块：建筑系统经济性分析

**图 5.1　DOE-2 软件的结构**

（2）EnergyPlus。

EnergyPlus 是由美国能源部和劳伦斯伯克利国家实验室共同开发的新一代建筑能耗模拟软件，具有建筑能耗模拟软件 DOE-2 和 BLAST 的优点，且具有创新之处。EnergyPlus 目前仅是一个无用户图形界面的计算核心，以此为核心开发的软件有 DesignBuilder，MLE＋等。EnergyPlus 结构（图 5.2）采用了 DOE-2 的 LSPE 结构，并对此结构进行了改进，形成了负荷模块、系统模块、设备模块和管理模块，由于模块之间增加了反馈，使建筑能耗的计算结果更加精确。

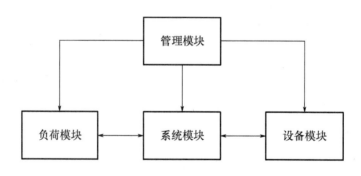

**图 5.2　EnergyPlus 结构**

EnergyPlus 的主要特点：①集成同步的负荷、系统、设备的模拟方法；②计算负荷时，用户可以定义小于一小时的时间步长，在系

统模拟中，时间步长自动调整；③采用热平衡法模拟负荷；④采用
CTF 模块模拟墙体、屋顶、地板等的瞬态传热；⑤采用三维有限差
分土壤模型和简化的解析方法对土壤传热进行模拟；⑥采用关联的传
热模型和传质模型对墙体的传热和传湿进行模拟；⑦采用基于人体活
动量、室内温/湿度等参数的热舒适模型模拟室内舒适度；⑧采用各
向异性的天空模型以改进倾斜表面的天空散射强度；⑨先进的窗户传
热计算，可以模拟可控的遮阳装置、可调光的电铬玻璃等；⑩日光照
明模拟，包括室内照度的计算、眩光的模拟和控制、人工照明的减少
对负荷的影响等；⑪基于环路且可调整结构的空调系统模拟，用户可
以模拟典型的系统，而无须修改源程序；⑫源代码开放，用户可以根
据需要加入新的模块或功能。

（3）TRNSYS。

TRNSYS 是由美国威斯康星大学麦迪逊分校太阳能实验室开发的。

TRNSYS 和 HVACSIM＋等的设计思路与 EnergyPlus 和
DOE-2完全不同。TRNSYS 最大的特点是采用模块化思想，用一个
模块代表一个小的系统、设备或者一个热/湿处理过程，多个模块可
以组成各种复杂的系统。由于其使用"黑盒子"技术封装了计算方
法，用户使用时需将主要精力放在模块的输入/输出上。因为灵活的
模块化特点，TRNSYS 被称为建筑能耗模拟软件中最灵活的软件。

TRNSYS 采用开放式结构，用户可以根据实际情况在平台下编
写、改进组件并嵌入 TRNSYS 中完成模拟；与很多软件，如 EES、
GenOpt、RansFlow、COMIS 和 CONTAM 等，都可以链接；可以很
方便地使用 EnergyPlus 的气象文件和处理结果。这些特点使得
TRNSYS 成为一个分享建筑能耗模拟成果的最佳平台。

（4）Matlab。

Matlab 并不是一个建筑能耗模拟软件，而是一个数学处理工具，

但是它强大的数值处理和可视化功能，以及最优化、神经网络和模糊系统等工具箱，为二次开发提供了有力的支持。Matlab 自带的 Simulink 是系统仿真的良好平台，很多用户借助这个平台进行二次开发，从而完成模拟计算。在建筑能耗模拟工作中，使用 Matlab 与其他建筑能耗模拟软件联合仿真是常用的方法。

（5）DeST。

DeST 是以 AutoCAD 为图形界面的建筑能耗模拟软件，界面友好、清晰，但无法从 AutoCAD 中读取数据，需要用户自己建模。DeST 采用现代控制理论中的状态空间法求解，其求解的稳定性、误差与步长大小没有关系，步长的选取较为灵活。

DeST 采用建筑负荷计算、空调系统模拟、AHU 方案模拟、风网和冷/热源模拟的步骤，完全符合设计人员的习惯，对建筑设计具有很好的指导作用。DeST 可求解比较复杂的建筑，它考虑了相邻房间的热影响，可对围护结构和房间联立方程求解。DeST 吸收了 TRNSYS 的开放式特性，适用范围十分广泛。但是，DeST 是基于 AutoCAD 和 Microsoft Acess 等平台开发的，没有独立运行的平台，其发展受制于 AutoCAD 和 Microsoft Access。此外，由于 DeSTructive 没有提供实际的气象数据文件，DeST 的气象数据库是实测气象数据结合拟合气象数据得到的。一般认为，在建筑能耗模拟中应该使用逐时气象数据，拟合的气象数据会影响计算的准确性。

## 5.2　基于 EnergyPlus 的建筑能耗建模

EnergyPlus 主要工作方式是输入建筑的物理特征和电气设备的

相关参数，在选择的气象条件下运行，即可得到该条件下的仿真结果；包括冷热负荷、空调冷热源和风机等系统的具体能耗与其他参数。EnergyPlus 内置了建筑设备的参数输入模型，在进行建筑能耗模拟时，为了与实际情况相吻合，需要确定输入参数与实际情况的一致性。

采用 EnergyPlus 进行建筑能耗模拟之前，需要建立与研究对象一致的建筑空间模型。一般来说，建立模型首先需要尽可能准确地获取研究对象的各项参数，以保证建筑能耗模拟的结果与实际值的偏差尽可能小。其次，使用支持输出 IDF 文件格式的 3D 建模软件，对建筑空间的热区进行划分和定义，将热区内建立建筑的 3D 模型输出为 EnergyPlus 可编辑的文件。然后，使用 EnergyPlus 编辑模型文件定义外围护结构和外部环境，保证其与实际建筑运行条件一致。最后，对室内的负载与工作表进行定义，添加相应的中央空调监控系统，对建立的模型进行仿真与调整。

## 5.2.1 EnergyPlus 界面工具

EnergyPlus 在建筑能耗模拟过程中，首先输入有关建筑的相关信息（外围护结构、中央空调监控系统、人员、设备组成等），选择输出报告形式和输出参量，系统根据用户定义的上述各种参数生成输入数据文件。其次，主程序调入输入数据文件，根据输入数据文件对相关的输入数据进行转换，相关子程序读取与模块对应的数据，执行相应的运算过程。最后，EnergyPlus 根据用户要求生成输出文件，并且可转化为电子数据表格形式或其他形式。表 5-1 列举了 EnergyPlus 常用的界面工具。

表 5-1　EnergyPlus 常用的界面工具

| 名称 | 说明 | 来源 |
|---|---|---|
| IDF Editor | 为用户提供一个简单的创建或编辑 EnergyPlus 输入数据文件的界面。EnergyPlus 的对象都可以在一个列表中查看和编辑。当需要新建一个对象时，用户可以新建一个列表输入相关的信息，当输入的数据在有效范围内，系统会显示数据的数值。当输入的对象和另一个对象存在关系的时候，系统自动提供相应的名称列表供用户选择。列表中显示了所有同类对象的信息，用户很容易查看和编辑对象属性不同的部分 | 软件自带 |
| EP-Launch | 允许用户直接选择输入文件，且用户选择气象数据文件也更加方便。EnergyPlus 运行完成后，如果发现错误或警告，将在 EP-Launch 报告中显示。在 EP-Launch 界面可以方便地打开 IDF Editor 编辑输入文件，模拟结束后还可以方便地打开文本格式及电子表格格式的输出文件，并可以直接查看建筑图形文件 | 软件自带 |
| OpenStudio | 是 Google SketchUp 的一个免费插件，运用此插件时可方便地使用 SketchUp 的三维建模工具，且编辑 EnergyPlus 建筑几何模型会较简单 | EnergyPlus 官网免费下载 |

续表

| 名称 | 说明 | 来源 |
| --- | --- | --- |
| EnergyPlus Example File Generator | 是一项免费的服务网页，可以创建简单的商业建筑模型，系统会将输入文件及模拟的年度报告发送到用户的 E-mail 地址 | EnergyPlus 官网免费服务 |
| Weather Data | 可以下载用户所需的气象数据 | EnergyPlus 官网免费下载 |
| EP-Compare | 可以使用柱状图、条形图、线形图对两个或多个文件比较分析，生成电子表格格式的模拟结果 | 软件自带 |
| OpenStudio ResultsViewer | 以图形格式显示 EnergyPlus 的输出结果，使结果更容易分析 | EnergyPlus 官网免费下载 |

　　EnergyPlus 的用户界面友好性比较差，只检查输入参数是否合法，而不会检查其合理性，输入文件和输出文件都是以 ASCII 文本形式为主，这就需要用户花费大量的时间来对建筑模型进行检查和调试。因此，简单的输入文件创建工具一直是 EnergyPlus 用户所期待的。目前，许多工具可用来创建 EnergyPlus 的输入文件，包括 OpenStudio、Easy EnergyPlus、Ecotect、EnergyPlugged、EP-GEO & EP-SYS、EP-Quick、ESP-r、jEPlus 等。这些软件可以联合 IDF Editor 和 EP-Launch 工具创建、编辑和运行 EnergyPlus 的输入文件。本章以下内容主要介绍利用 OpenStudio 的 SketchUp 插件进行建筑能耗建模。

## 5.2.2 OpenStudio

OpenStudio 是美国可再生能源实验室领导多家单位参与开发的集成 EnergyPlus 能耗模拟，其使用 Radiance 进行采光模拟，是具有多平台（Windows、Mac 和 Linux）版本的建筑能耗模拟软件。OpenStudio 的用户界面由 4 个模块组成：OpenStudio SketchUp 插件（OpenStudio SketchUp Plug‐in）、OpenStudio 主界面（OpenStudio Application）、结果查看器（ResultViewer）和参数化分析工具（Parameterization Analysis Tool）。OpenStudio SketchUp 插件是三维建模软件 SketchUp 的插件，用于建立能耗模拟的三维建筑几何模型，即可视化模块（Visualization Module），如图 5.3 所示，是本章介绍的简单模型建立使用到的部分。OpenStudio 主界面用于可视化地输入能耗模拟的其他参数，如气象文件、模拟日期、围护结构信息、HVAC System 和运行模拟（Simulation）；OpenStudio 使用先进的 Radiance 模拟自然采光过程。结果查看器对模拟的结果进行可视化查看和分析，有利于查看随时间变化的数据，如房间内的温度随时间的变化。参数化分析工具用于基准模型进行参数化的分析。

## 5.2.3 SketchUp 绘制模型

采用 EnergyPlus 进行建筑能耗模拟时，需要建立建筑模型，并进行热分区。本章利用 SketchUp 绘制建筑模型，以此作为 EnergyPlus 仿真的建筑模型。建模期间需要利用 OpenStudio SketchUp 插件辅助建模，采用实际的建筑参数数据，绘制建筑的基本信息结构图，进而生成格式为 .idf 的 EnergyPlus 输入文件模型。SketchUp 菜单栏如图 5.4 所示，菜单栏中主要选项及作用见表 5‐2。

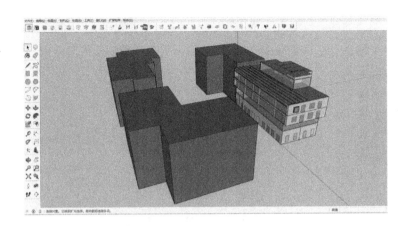

图 5.3　SketchUp 菜单栏

图 5.4　SketchUp 菜单栏

表 5-2　SketchUp 菜单栏中主要选项及作用

| 主要选项 | 作用 |
| --- | --- |
| 文件 | 文件的保存、导入、导出（注意：SketchUp 保存的是以 .skp 为扩展名的文件，并不是 EnergyPlus 需要的输入文件） |
| 视图 | 工具栏设置 |
| 镜头 | 不同类型的平行投影观察 |
| 窗口 | 模型信息（单位、插件情况）、模型样式 |

OpenStudio SketchUp 插件的界面如图 5.5 所示。OpenStudio 界面中，工具栏 Legacy OpenStudio Rendering 的主要选项及作用见表 5-3。

图5.5彩图

**图 5.5　OpenStudio SketchUp 插件的界面**

**表 5-3　Legacy OpenStudio Rendering 的主要选项及作用**

| 主要选项 | 作用 |
| --- | --- |
| New\Open\Save\SaveAs | 文件的新建、打开、保存和另存为 |
| Show Errors and Warnings | 错误信息显示和警告 |
| New EnergyPlusZone | 新建热空间 |
| New EnergyPlusShading Group | 新建遮阳 |
| Zone Loads | 加入人员密度、照明功率密度和电气设备功率密度 |
| Object info | 查看信息，更改信息 |
| Show Outliner Window | 大纲显示 |
| Surface search | 搜索、取消隐藏分区 |
| Surface Matching | 不同分区之间的墙体类型保持一致 |

## 5.2.4　IDF Editor 参数设置

EnergyPlus 的输入文件扩展名为 .idf，修改此类文件有两种方式：文本格式输入和 IDF Editor。在文本格式输入模式下，输入文件以文本文件形式打开，并将不同的 .idf 文件保存为模板，方便以后使用。IDF Editor 是 EnergyPlus 自带的输入文件编辑器，界面主要由菜单栏、工具栏和分类列表组成。菜单栏的主要选项及作用见表 5-4，工具栏界面如图 5.6 所示，工具栏的主要选项及作用见表 5-5。

**表 5-4　菜单栏的主要选项及作用**

| 主要选项 | 作　　用 |
|---|---|
| File | .idf 文件的新建，保存，另存为 |
| Edit | 用于对分类列表中的对象进行编辑 |
| View | 调整显示 |
| Jump | 不同版本的 IDF Editor 的切换 |
| Window | Cascade（叠加放置），Tile Horizontal（水平平铺），Tile Vertical（垂直平铺） |

**图 5.6　工具栏界面**

**表 5-5　工具栏的主要选项及作用**

| 主要选项 | 作　　用 |
|---|---|
| 新建 | 新建 .idf 文件 |
| 打开 | 打开 .idf 文件 |
| 保存 | 保存 .idf 文件 |
| New Obj | 新建对象 |
| Dup Obj | 复制对象 |
| Del Obj | 删除对象 |

| 主要选项 | 作　用 |
|---|---|
| Copy Obj | 复制对象 |
| Paste Obj | 粘贴对象 |
| Class List | 748 个建筑类型目录（分类列表中包含 748 个建筑类型，可以根据实际情况学习和编辑建筑模型参数数据，不同的研究使用到的建筑类型不同。由于建筑类型数量过多，且 EnergyPlus 对错误输入的反馈性较差，所以需要用户花费大量的时间进行调试和检查输入的建筑参数数据） |
| Explanation of Object and current Field | 对建筑类型的简单介绍 |
| Field | 参数输入框 |
| Obj | 对象，即建筑模型参数，有的建筑类型有多个对象，有的建筑类型仅有一个对象 |

## 5.2.5　建模案例

以某二层建筑为原型通过 SketchUp 建一个建筑模型。

（1）根据原型在 SketchUp 是绘制建筑模型，建模时应利用 OpenStudio 定义建筑热空间和围护结构，原则上每个房间应定义为单独的热空间；如建筑面积过大，为简化模型、减小计算量，可以将同区域、同类型的房间定义为一个热空间。

建立如图 5.7 所示的 SketchUp 模型，定义七个房间为热空间，分别命名为 Entrance、Office1、Office2、Office3、Meeting、Storeroom、Supermarket，生成相应的 .idf 文件作为 EnergyPlus 的输入文件。

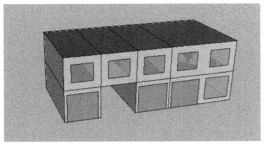

图 5.7 SketchUp 模型

（2）将建立的 .idf 文件作为 EnergyPlus 的输入文件，气象文件可以选择 EnergyPlus 官网提供的气象数据，本案例根据实验建筑所在城市选择山东省济宁市兖州区的气象数据。

（3）使用 IDF Editor 打开建立的 .idf 文件，进行关键性参数配置。根据选择的气象文件对 Site Location 和 Design Day 进行配置。Site Location 可以直接打开天气文件的 .ddy 扩展名文件并复制。Design Day 选择一个夏季设计日和一个冬季设计日，夏季设计日选择 7 月 21 日，冬季设计日选择 1 月 21 日，其 Filed 是从气象文件中复制的。Design Day 界面如图 5.8 所示。

图 5.8 Design Day 界面

（4）围护结构和人员配置。Construction 可以定义建筑围护结构的材料组成，由于是建筑设备仿真，因此建筑类型采用默认的围护结构材料。在 Internal Gains 下可以找到人员、照明与电气设备的配置。按照 Zone 的划分，逐步配置人员，选用 Energyplus 自带的活动时间表，配置人员数量、照明密度、设备密度、新风量等。人员密度设计为一层的每个房间（Zone）为 2 人，二层的每个房间（Zone）为 3 人。照明密度设计为一层的每个房间为 $18W/m^2$，二层的每个房间为 $11W/m^2$。设备密度按实际建筑电气设备进行配置，建立多个 Obj，分别对应不同的设备和功率。

（5）空调系统配置使用 EnergyPlus 的理想空调系统快速配置功能。ZoneVentilation：DesignFlowRate（新风量）按照 $30m^3/(h \cdot p)$ 配置；HVACTemplate：Thermoslat（设计温度）冬季设计温度 20℃，夏季设计温度 25℃；Sizing Zone 若使用理想空调系统模型，计算供暖空调负荷则必须设定区域尺寸，采用其他系统，则用系统内置施胶区（Sizing Zone），其配置结果如图 5.9 所示。

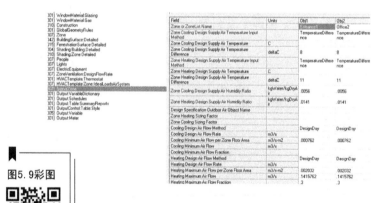

图5.9彩图

图 5.9　施胶区（Sizing Zone）配置结果

（6）输出文件配置。设定输出文件的类型有：Output：

VariableDictionary（变量输出类型）、Output：Table：SummaryReports（表格内容）、OutputControl：Table：Style（输出类型）、Output：Variable（输出变量）、Output：Meter（输出参数）。

至此，则完成了建筑模型建立，经过调试和检查后即可进行建筑能耗模拟。

# 5.3　建筑能耗影响因素分析

本节主要分析单独房间内不同因素对能耗的影响，这些因素主要有人员、空调、天气、设备数量、设备类型、设备运行时间等。在此基础上研究整栋不同层面上的不同因素对建筑能耗的影响，这些因素主要有墙体耦合、阴影、墙体材料等。人员因素主要是人员的流动情况；天气因素主要是不同的外界天气情况；设备因素主要是不同数量的设备、不同运行时间的设备、不同类型的设备等情况。

## 5.3.1　建筑概况

以山东省济南某高校的楼宇作为建筑原型，其建筑楼层平面图如图 5.10 所示。

## 5.3.2　创建模型

（1）将实际的楼宇按热功能进行分区，根据热功能分区模型，利用 SketchUp 软件里的插件 OpenStudio，绘制 EnergyPlus 区域里的建筑模型，建筑模型视图如图 5.11 所示。

图5.10彩图

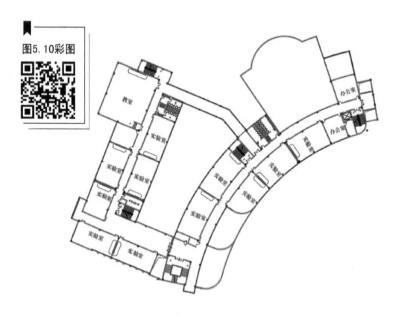

图 5.10　山东省某高校的楼宇建筑楼层平面图

图5.11彩图

（2）围护结构定义。建筑结构信息按照实际楼宇的调研情况进行配置，初步只考虑地面、外墙、内墙、窗户等。首先在 SketchUp 中对建筑的围护结构进行初步的定义，保存围护结构信息；然后在 EnergyPlus 中通过其自带的围护结构信息，对建筑模型的围护结构信息进行补充，即可定义需要的信息，软件会自动将对应的围护结构信息配置为相应的厚度、导热系数等。模型的建筑结构热工性能见表 5-6。选择济南市的气象参数，

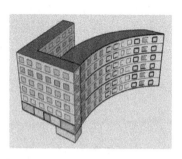

图 5.11　建筑模型视图

与模型内部仿真对象一一对应。

表 5 - 6　模型的建筑结构热工性能

| 名称 | 结构 | 厚度/mm | 密度/(kg/m³) | 导热系数/(W/m·k) |
|---|---|---|---|---|
| 屋顶 | 高分子防水层 | 2 | 1120 | 0.190 |
| | 水泥砂浆 | 25 | 1800 | 0.930 |
| | 聚苯乙烯保温板 | 50 | 30 | 0.042 |
| | 钢筋混凝土 | 200 | 2500 | 1.740 |
| 地面 | 水泥砂浆 | 20 | 1800 | 0.930 |
| | 发泡混凝土 | 50 | 700 | 0.250 |
| | 钢筋混凝土 | 200 | 2500 | 1.740 |
| 外墙 | 水泥砂浆 | 20 | 1800 | 0.930 |
| | 聚苯乙烯保温板 | 50 | 30 | 0.042 |
| | 钢筋混凝土 | 200 | 2500 | 1.740 |
| 内墙 | 钢筋混凝土 | 200 | 2500 | 1.740 |
| 楼板 | 水泥砂浆 | 20 | 1800 | 0.930 |
| | 钢筋混凝土 | 200 | 2500 | 1.740 |
| | 聚苯乙烯保温板 | 50 | 30 | 0.042 |

　　（3）室内负载设定。将房间建筑模型在 IDF Editor 里进行进一步的编辑，设置房屋内的人员、设备、灯、空调等的数值。具体的房间、热功能区、人员数量、电气设备数量、照明数量见表 5 - 7。

表5-7 具体的房间、热功能区、人员数量、电气设备数量、照明数量

| 房间 | 热功能区 | 人员数量/个 | 电气设备数量/台 | 照明数量/盏 |
| --- | --- | --- | --- | --- |
| ground | 地下室 | 2 | 0 | 6 |
| 1floor1 | 教室 | 100 | 0 | 35 |
| 1floor2 | 办公室 | 20 | 20 | 24 |
| 1floor3 | 办公室 | 10 | 10 | 15 |
| 1floor4 | 大厅 | 0 | 0 | 15 |
| 1floor5 | 实验室 | 20 | 20 | 36 |
| 1floor6 | 实验室 | 10 | 10 | 18 |
| 2floor1 | 教室 | 100 | 0 | 35 |
| 2floor2 | 办公室 | 20 | 20 | 24 |
| 2floor3 | 办公室 | 10 | 10 | 15 |
| 2floor4 | 办公室 | 5 | 5 | 30 |
| 2floor5 | 实验室 | 20 | 20 | 36 |
| 2floor6 | 实验室 | 10 | 10 | 18 |
| 3floor1 | 教室 | 100 | 0 | 35 |
| 3floor2 | 办公室 | 20 | 20 | 24 |
| 3floor3 | 办公室 | 10 | 10 | 15 |
| 3floor4 | 办公室 | 5 | 5 | 30 |
| 3floor5 | 实验室 | 20 | 20 | 36 |
| 3floor6 | 实验室 | 10 | 10 | 18 |
| 4floor1 | 教室 | 100 | 0 | 35 |
| 4floor2 | 办公室 | 20 | 20 | 24 |
| 4floor3 | 办公室 | 10 | 10 | 15 |
| 4floor4 | 办公室 | 5 | 5 | 30 |
| 4floor5 | 实验室 | 20 | 20 | 36 |

| 房间 | 热功能区 | 人员数量/个 | 电气设备数量/台 | 照明数量/盏 |
|---|---|---|---|---|
| 4floor6 | 实验室 | 10 | 10 | 18 |
| 5floor1 | 教室 | 100 | 0 | 35 |
| 5floor2 | 办公室 | 20 | 20 | 24 |
| 5floor3 | 办公室 | 10 | 10 | 15 |
| 5floor4 | 办公室 | 5 | 5 | 30 |
| 5floor5 | 实验室 | 20 | 20 | 36 |
| 5floor6 | 实验室 | 10 | 10 | 18 |

（4）中央空调选择。中央空调采用变风量空调系统。

（5）将编辑好的建筑模型在相应的气象条件下进行仿真，导出仿真结果，对各房间的能耗进行优化处理，分析出建筑的运维策略。

### 5.3.3 建筑能耗影响因素分析

本书主要开展建筑能耗仿真与影响因素分析，包括人员数量、设备数量、设备运行时间、冬夏季空调温度设定值、墙体耦合等方面。根据人员数量、照明与电气设备的开启情况可以进行人员数量（以下简称人数）时间表、照明和电气设备时间表的编制，根据实际情况编制的人数时间表、照明和电气设备时间表统计情况如图5.12、图5.13所示，照明与电气设备时间表运行情况以时间表系数表示，时间表系数指该时刻的功率为额定功率的倍数。

在上一节所建立的建筑模型的基础之上，进行建筑能耗的分析工作。首先，分析空调温度、设备、气象等因素对建筑能耗的影响情况。综合考虑建筑能耗模拟的准确性和便捷性，选择建筑中某个房间作为模型来完成建筑能耗影响因素的分析。然后，从整栋建筑层面入手，分析墙体耦合因素对建筑能耗的影响。

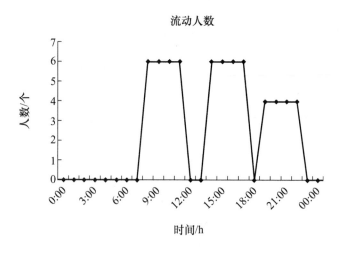

图 5.12　人数时间表统计情况

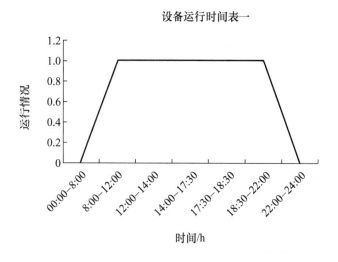

图 5.13　照明和电气设备时间表统计情况

### 5.3.4　空调温度对建筑能耗的影响

空调温度包括夏季空调温度和冬季空调温度的影响，由于二者互相独立，可以用控制变量法进行研究。

首先研究夏季空调温度对建筑能耗的影响。在保持人数、照明数量不变的情况下，改变夏季空调温度，观察建筑能耗的变化。建筑能耗随夏季空调温度的变化如图 5.14 所示。

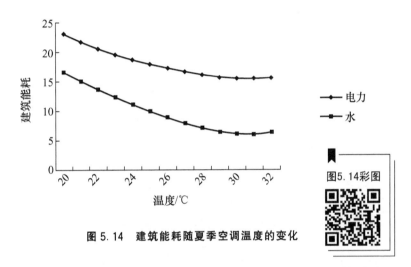

图5.14彩图

**图 5.14　建筑能耗随夏季空调温度的变化**

从图 5.14 可以看出，能耗的因素主要是电力和水。随着夏季空调温度的逐渐升高，建筑能耗呈下降趋势，并且温度每升高 1℃，建筑能耗下降约 4%。考虑到人体的舒适度，选择 27℃ 作为夏季空调温度较为合适。

然后利用同样的方法研究冬季空调温度对建筑能耗的影响。保持人数、照明数量不变的情况下，改变冬季空调温度，观察建筑能耗的变化。建筑能耗随冬季空调温度的变化如图 5.15 所示。

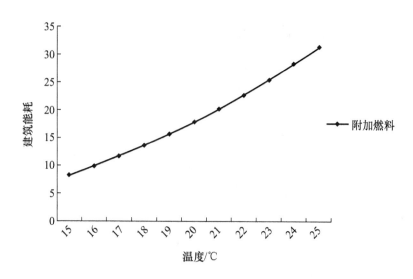

图 5.15　建筑能耗随冬季空调温度的变化

　　从图 5.15 可知，随着冬季空调温度的升高，建筑能耗逐渐上升。空调温度每升高 1℃，能耗增加约 13％。结合人们的舒适性和低能耗要求，冬季空调温度保持在 22℃较为合适。

## 5.3.5　照明和电气设备运行时间对建筑能耗的影响

　　计算机、空调、照明设备在休息时间停止运行，其运行时间如图 5.16 所示。

　　照明和电气设备按照图 5.16 所示的时间表二运行的建筑能耗情况与图 5.13 所示的时间表一运行的建筑能耗情况见表 5 - 8。本节模拟的房屋面积为 48m²，电力代表的建筑能耗为夏季的空调能耗，附加燃料的建筑能耗为冬季的供暖能耗。

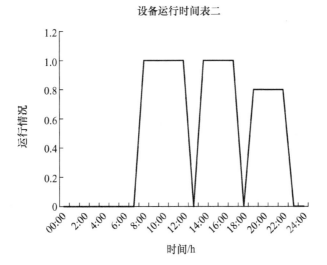

图 5.16 设备运行时间

表 5-8 建筑能耗情况

| 运行状况 | 电能/GJ |
|---|---|
| 时间表一 | 17.89 |
| 时间表二 | 14.47 |

## 5.3.6 房屋内人数对建筑能耗的影响

冬天的空调温度设定为 22℃，夏季的空调温度设定为 27℃，采用山东省济南市的气象资料，对房间内的人数进行变动，照明和电气运行时间参照设备运行时间表二，模拟房屋内的建筑能耗变化情况。建筑能耗与人数的关系如图 5.17 所示。

从图 5.17 可以看出，随着房间内人数的增多，夏季空调的能耗呈上升趋势，屋内每增加 1 人，空调的能耗增加约 1%。当人数不超过 7 人时，供暖能耗呈下降趋势最低；当人数超过 7 人时，供暖能耗呈上升趋势，因此，面积为 $48m^2$ 的房屋容纳人数最佳为 7 人，则全年建筑能耗最小。

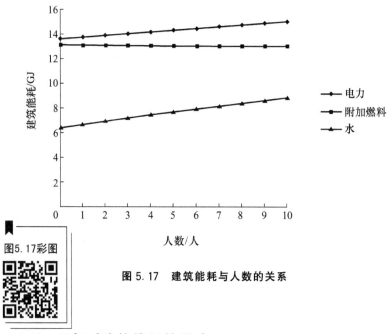

图5.17彩图

图 5.17　建筑能耗与人数的关系

### 5.3.7　天气对建筑能耗的影响

冬季空调温度设定 22℃，夏季空调温度设定 27℃，房间内的人数为 7 人，按设备运行时间表二运行。采用济南市当地的天气状况对建筑能耗与人员、设备的关系进行分析，给出建筑的运维策略。EnergyPlus 中某地的天气参数不能直接改变，本节利用不同地域的天气来模拟天气状况，观察不同天气情况下建筑能耗变化情况，建筑能耗与天气的关系如图 5.18 所示。

由图 5.18 可知，城市所处的纬度较高，那么其建筑能耗主要源于冬季供暖。城市所处的纬度较低，那么其建筑能耗主要源于空调制冷。中纬度地区各城市全年的总能耗相差不大。

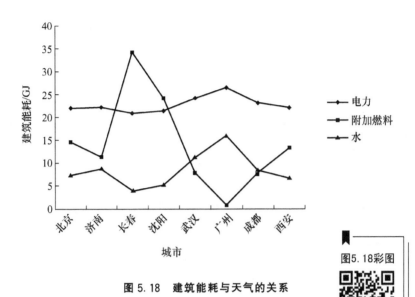

图 5.18 建筑能耗与天气的关系

图5.18彩图

## 5.3.8 墙体耦合效应对建筑能耗的影响

墙体耦合效应的研究是基于建筑原型二层各个区域及整个二层、三层、四层区域作为对象进行研究的。通过建筑总体与每个区域之间的关系，分析相关的数据，研究建筑墙体耦合效应对建筑能耗的影响。各区域建筑能耗结果及区域面积见表 5-9。

表 5-9 各区域建筑能耗结果及区域面积

| 区域 | 面积/m² | 建筑能耗/GJ |
|---|---|---|
| 2floorZONE1（二层第一区） | 100 | 0.130 |
| 2floorZONE2（二层第二区） | 190 | 111.62 |

| 区域 | 面积/m² | 建筑能耗/GJ |
|---|---|---|
| 2floorZONE3（二层第三区） | 260 | 131.10 |
| 2floorZONE4（二层第四区） | 300 | 119.40 |
| 2floorZONE5（二层第五区） | 260 | 128.70 |
| 2floorZONE6（二层第六区） | 260 | 116.18 |
| 2floor（二层） | 1370 | 579.01 |
| 2floor＋3floor（二层和三层） | 2740 | 892.01 |
| 2floor＋3floor＋4floor（二层、三层和四层） | 4110 | 1169.20 |

通过对表 5-9 中的数据分析，可以得出如下结论。

第二层区域的总建筑能耗为 579.01GJ，而第二层各分区域的建筑能耗之和是 607.13GJ，这个差值的存在是因为各个区域通过墙体进行了耦合，从而相互影响。

第二层第一区至第六区之间相互接触的墙体对建筑能耗的影响概率约为 4.6%。这表明：当只有第一区供热时的建筑能耗，加上只有第二区供热时的建筑能耗，它们的总和会大于同时对第一区和第二区供热的建筑能耗。因为第一区和第二区相邻，中间只有墙体隔开，墙体有耦合效应。

第二层与第三层的建筑能耗为 892.01GJ，而第二层的建筑能耗占两层建筑能耗的比例约为 64.9%，则楼板的能耗约为 35.1%；第二层、第三层与第四层的建筑能耗为 1169.20GJ，则比单层建筑节能约 567.83GJ。

从仿真结果来看，墙体之间以及楼层之间的耦合对建筑能耗有较大的影响，增加墙体耦合性能可降低建筑能耗。

# 5.4　热分区与人员分布对建筑能耗的影响

本节探讨热分区与人员分布对建筑能耗的影响。

选取一个典型的办公空间在 EnergyPlus 建模，建模时，先根据实验建筑绘制 SketchUp 模型，再利用 OpenStudio 插件定义建筑热空间和围护结构。实验建筑是一座 25 层办公楼，本节研究其一层的东南角，其建筑一层设置情况如图 5.19 所示，建筑面积为 $456m^2$，其内部通过隔断分为办公区、院长室、会议室、休息室和卫生间等子空间。

## 5.4.1　热区的划分

利用 EnergyPlus 进行建筑能耗建模需要注意热区的划分。在建筑能耗模拟工作中，热区是很重要的概念，其也可称为热块和空调区域等。根据商业能源服务网络（COMNET）的解释，热区指建筑内的物理空间，具有自己的恒温器和区域空调系统以保持热舒适性，或者指建筑内具有足够相似的空间条件要求的空间或空间集合，以便可以使用单个恒温器来维持这些条件。在建筑的设计、模拟和建造过程中，空调工程师必须判断建筑中的单个空间或者一部分相邻空间的热环境是否相似。

本节根据所选择的建筑空间，提出了两种热分区方法。①按照内部隔断划分，将整体研究对象简化为单独的一个空间，即分区方法1。②按照空调设备的设计情况将空间分隔开，将研究对象划为 11 个

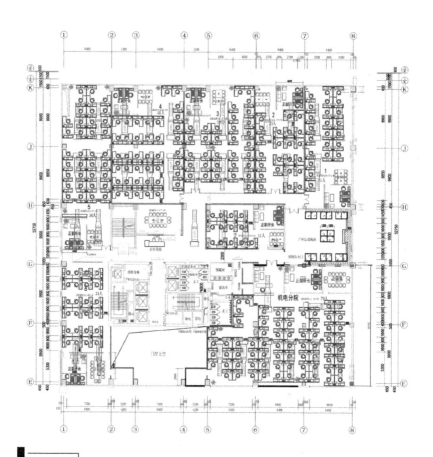

**图 5.19　实验建筑一层东南角的设置情况**

图5.19彩图

热区，包括休息室、正副所长室、会议室、大办公空间划分成 8 个小办公空间，即分区方法 2。热分区情况如图 5.20 所示。

先使用 SkechUp 软件进行模型的绘制，再利用 OpenStudio 插件输出 EnergyPlus 需要的 .idf 文件。所建立的建筑模型中的屋顶、北墙和西墙都设置为不受阳光影响，最大限度地还原研究空间在整栋建筑中的实际情况。两种分区方法的建筑模型如图 5.21 所示。

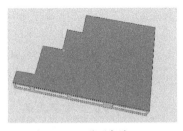

(a) 分区方法1

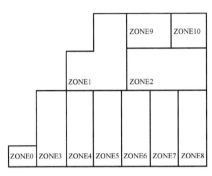

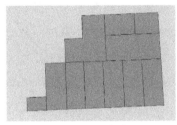

(b) 分区方法2

(c) 分区方法2划分的各功能区

| ZONE0: 休息室 |
| --- |
| ZONE1~ZONE8: 办公室 |
| ZONE9: 正副所长室 |
| ZONE10: 会议室 |

图 5.20　热区情况

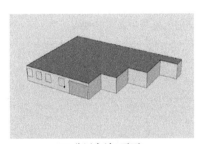

(a) 分区方法1正面

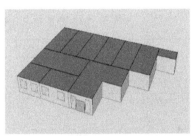

(c) 分区方法2正面

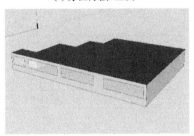

(b) 分区方法1反面

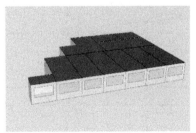

(d) 分区方法2反面

图 5.21　两种分区方法的建筑模型

## 5.4.2　人员分布情况

　　本节所选择的建筑空间的空间设计总人数为 90 人，休息室和会议室的使用时间较短，且与其他空间的人员有重合。在分区方法 1 中不划分热分区，定义实际设计人数为 72 人，每天工作 8 小时，大办公空间的设计人数为 70 人，正副所长室设计人数为 2 人。在分区方法 2 中，小办公空间每天占用时间为 10 小时；考虑休息室不会有人员长期占用，设计每周占用时间为 5 小时，占用人数为 3 人；会议室设计每周占用时间为 6 小时，占用人数为 14 人；正副所长室每天占用时间为 7 小时，占用人数为 2 人。分区方法 2 各热区人员与设备占用情况见表 5-10。

图5.21彩图

表 5-10　分区方法 2 各热区人员与设备占用情况

| 热区 | 占用人数/人 | 设备功率/(W/人) | 工作时间 |
| --- | --- | --- | --- |
| ZONE0 | 3 | 0 | 5 小时/周 |
| ZONE10 | 14 | 100 | 6 小时/周 |
| ZONE9 | 2 | 600 | 7 小时/天 |
| ZONE1 | 9 | 400 | 10 小时/天 |
| ZONE2 | 11 | 400 | 10 小时/天 |
| ZONE3 | 8 | 400 | 10 小时/天 |
| ZONE4 | 8 | 400 | 10 小时/天 |
| ZONE5 | 10 | 400 | 10 小时/天 |
| ZONE6 | 10 | 400 | 10 小时/天 |
| ZONE7 | 10 | 400 | 10 小时/天 |
| ZONE8 | 5 | 400 | 10 小时/天 |

　　建筑照明功率密度按照国家标准设定为 $11W/m^2$。办公设备主要是台式计算机，每人配备 1 台。设计每位员工的可用设备功率为

400W，正副所长的可用设备功率为 600W/人。办公空间的设计总人数为 90 人，设备功率与人数相匹配。但在实际使用中，办公空间占用人数一般不能达到设计总人数，一般为设计总人数的 50%～80%，特殊情况下会低于 40%。因此，实际使用时需考虑人数和设备可用功率在低于设计值时对办公空间的温度和能耗影响。下面用三种模型来模拟所选办公空间的建筑能耗。

### 5.4.3  自由浮动模型

自由浮动模型是没有对内部热量调节系统进行定义的建筑模型，也就是建筑内没有设置空调系统的模型，此建筑的内部环境条件仅取决于建筑内部性能和外部天气。在 ASHRAE90.1 中，自由浮动模型通常用于建筑能耗模拟的温度计算。本节利用自由浮动模型来研究两种分区方法的室内温度变化。

分区方法 1 的自由浮动模型用来研究室内温度的主要影响因素。在自由浮动模型中分别添加人员、照明、设备等室内负载，分析室内的温度变化（图 5.22）。

当室内负载达到设计最大值后，室内的温度最高可以达到 55.7℃，最低为 22.3℃。这说明设计的人数、设备和照明数量对整体空间的影响相当大。

对建筑空间逐渐增加人数、照明和设备数量，仿真结果表明增加人数和照明数量引起的室内温度变化并不明显，全年最大温差在 5℃ 之内；增加设备数量之后，室内温度提高 10℃ 以上。这说明：①对建筑空间的室内温度影响最大的是设备数量；②对于面积较大的无隔断办公空间来说，由于人数、设备数量增加引起的室内温度快速上升将导致空调能耗的快速增加。

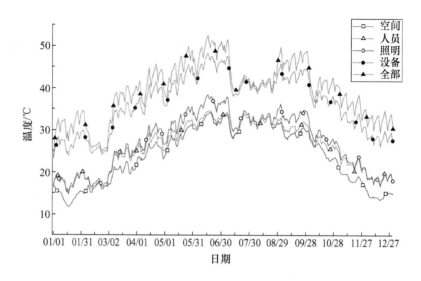

图 5.22　自由浮动模型分区方法 1 的室内温度变化情况

图5.22彩图

　　图 5.23 提供了自由浮动模型分区方法 2 的室内温度变化情况。11 个热区的全年的室内温度相差在 10℃以内，且全年最高室内温度在 40℃以下。各热区室内温度变化趋势基本一致，温差较小，而且大办公空间的温度稍高于休息室、会议室、正副所长室的温度。这说明：对于大办公空间来说，在面积、人员数量、照明灯具和电气设备数量不变的情况下，带内部隔断的空间比不带隔断的空间具有热区优势。

## 5.4.4　理想负载空气系统模型

　　理想负载空气系统模型的特点是始终以 100％的效率满足选定区域的冷/热需求，即在工作期间完全满足该区域的温度要求，使室内的冷/热温度直接到达设定温度。该模型通常用于区域的冷/热负荷计算、建筑设计形状研究、复杂的建筑材料测试及建筑外围护结构性能

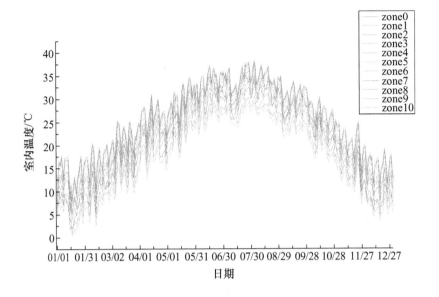

**图 5.23　自由浮动模型分区方法 2 的室内温度变化情况**

优化等。因此，选定区域的温度在系统开启时间内等于设定温度，在系统闲置时间内等于自由浮动模型的温度。

图5.23彩图

　　对理想负载空气系统模型分区方法 1 的分析发现，在大办公空间情况下，人员设备的增加会导致制冷能耗的迅速增加，这与自由浮动模型分区方法 1 的分析结果一致。图 5.24 提供了理想负载空气系统模型分区方法 1 的能耗。每增加 25% 的设计人数，即18 人，制冷负载就会有较大程度的增加，其增加幅度随着人数的增加而减少，总体增加幅度为 20%～70%。在大办公空间情况下，供暖能耗比较少，而且随着人数的增加供暖能耗很快减少。在人数达到设计人数的 50% 时，供暖能耗为 10.68kWh。因此，从图 5.24 可以看出，理想负载空气系统模型分区方法 1 的能耗上升幅度非常快，且制冷能耗较大，但供暖能耗可以忽略。

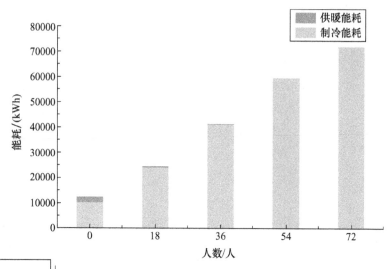

图 5.24 彩图

**图 5.24　理想负载空气系统模型分区方法 1 的能耗**

　　由理想负载空气系统模型分区方法 2 的仿真结果可知，在相同面积、相同人数情况下，空间隔断对温度的上升起到了很好的抑制作用，从而避免发生分区方法 1 中室内温度过高、全年制冷能耗过高而供暖能耗过低的情况。表 5-11 为理想负载空气系统模型分区方法 2 的能耗，其中方案 1 指不同人数情况下人员均匀分布，方案 2 指不同人数情况下人员在小范围内聚集，方案 3 指不同人数情况下人员全部聚集在某个方位的区域。

**表 5-11　理想负载空气系统模型分区方法 2 的能耗**

单位：kWh

| 人数 | 方案 1 | | 方案 2 | | 方案 3 | |
|---|---|---|---|---|---|---|
| | 制冷 | 供暖 | 制冷 | 供暖 | 制冷 | 供暖 |
| 25% | 8338.91 | 36721.58 | 8844.15 | 38113.07 | 8398.12 | 37920.74 |
| 50% | 15869.67 | 30263.61 | 19135.65 | 32399.84 | 17578.64 | 31647.79 |
| 75% | 27037.34 | 24442.78 | 27664.76 | 25915.44 | 26090.72 | 25164.59 |

由表 5 - 11 可知：

(1) 当室内人数为设计人数的 25% 和 50% 时，方案 2 的能耗超过方案 1 和方案 3。这说明在大办公空间中，人员的聚集会导致空间冷/热能耗的增加，人员的平均分布可以适当降低冷/热能耗。

(2) 当室内人数到达设计人数的 75% 时，三种方案的冷/热能耗差距可以忽略不计。这说明随着人数的增加，大办公空间的人员分布对冷/热能耗的影响逐渐降低。当人数到达设计人数的 75% 时，人员分布对室内的冷/热能耗没有影响。

(3) 方案 1 情况下，随着人数从 18 人增加到 36 人，制冷能耗上升约 90%，供暖负载下降约 17%。说明人数的增加对制冷能耗影响较大，对供暖能耗影响较小。

(4) 方案 3 情况下，冷/热能耗比方案 1 高，随着人数从 18 人增加到 36 人，制冷能耗负载增加约 109%，供暖负载下降约 17%。

(5) 方案 2 情况下的冷/热能耗比其他两个方案高，随着人数从 18 人增加到 36 人，制冷能耗上升约 116%，供暖能耗下降约 15%。

根据分析结果可以看出，在理想负载空气系统模型中，人员越分散，越有利于降低冷/热能耗。理想负载空气系统模型的两种分区方法的冷/热能耗比较如下。

(1) 人数为设计人数的 50% 以下时，分区方法 1 的冷/热能耗相当低，远低于分区方法 2。但是随着人数的增加，分区方法 1 的整体冷/热能耗迅速上升。

(2) 虽然分区方法 2 初始能耗较高，但是随着人数的增加，冷/热能耗的变化较大，但是总体冷/热能耗变化并不大。结合自由浮动模型结果可知，由于没有墙体隔断，分区方法 1 中，人数增加会导致室内温度迅速上升，高于温度设定值，这种情况下的人数增加导致的温度变化引起较大的能耗变化。分区方法 2 中，即使人数与分区方法 1 相同，但是人数增加，引起的是冷/热能耗的相对变化，总能耗变化较小，即分区方法 2 的冷/热能耗总量受人数的影响较小。

### 5.4.5 实际空气系统模型

实际空气系统模型是依照建筑实际情况定义的一套详细的空调系统的能耗。与理想负载空气系统不同的是，实际空气系统模型计算所有建筑的能耗，而理想空气系统模型只计算冷/热能耗。

研究对象的建筑空调系统是一套变风量空调系统。根据建筑施工图设计的空调设备，对两种分区方法进行详细的实际空气系统建模。按分区方法 1，模拟人数为 0%、25%、50%、75% 和 100% 情况下的能耗。按分区方法，模拟人数为 25%、50% 和 75% 情况下的能耗。

变风量空调系统的能耗组成包括制冷、供暖、风机、水泵和热回收五部分。分区方法 1 在分区内设置 1 台风机设备；分区方法 2 考虑了实际情况，在 ZONE1～ZONE10 共设计了 10 台风机设备，其空调系统控制时间表按照上下班时间进行了合理性调整。图 5.25 所示为分区方法 1 的变风量空调系统在人数变化的情况下的能耗。

相较于理想负载空气系统来说，实际空调系统模型的制冷、风机、水泵和热回收的能耗都在逐渐增加，而供暖能耗却先减少后增加，并没有出现理想负载空气系统供暖能耗完全消失的情况。这可能是由于实际空调系统模型中的变风量空调系统的新风系统随人数增加而增大了室内通风量，导致温度的上升幅度并没有理想空调系统温度上升的幅度大，这一点由风机能耗的增加可以看出。

图 5.26 所示为分区方法 2 的变风量空调系统随人数变化的能耗。

（1）与理想负载空气系统相似的是，随着人数增加，制冷能耗增加而供暖能耗减少，总能耗增加。风机、水泵和热回收能耗增加与分区方法 1 的结果不同，这是由于分区方法 2 的供暖能耗较高，所以水泵能耗比风机能耗高。

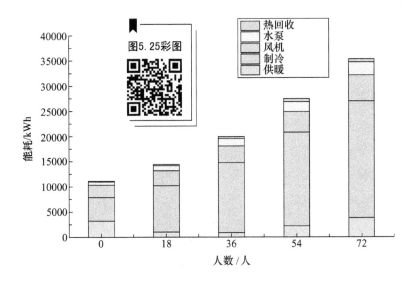

**图 5.25 分区方法 1 的变风量空调系统在人数变化的情况下的能耗**

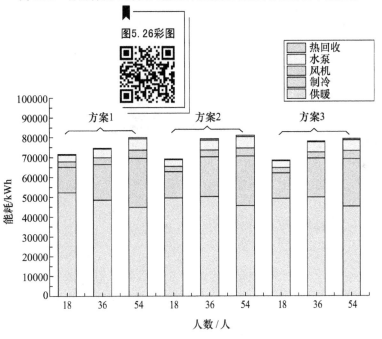

**图 5.26 分区方法 2 的变风量空调系统随人数变化的能耗**

（2）在实际空调系统模型的变风量空调系统中，方案 3 的能耗量最低，方案 1 的能耗最高。与理想负载空气系统模型的空调系统相比，变风量空调系统的能耗没有明显的变化规律，说明变风量空气调节能力是理想负载空气系统模型的空调系统所不具备的。

（3）实际空调系统模型的变风量空调系统的两种分区方法的能耗与自由浮动模型和理想空气负载系统的能耗不完全吻合，没有出现温度过度升高的问题，得益于其与外部环境的热交换。

（4）相对于分区方法 1，分区方法 2 的能耗非常高，这是由于模型室内温度的变化比室外环境温度的变化小，导致供暖能耗较大。

由此，可以得出结果：分区方法 1，即大空间无隔断，其优点在于可以利用人员、设备的热量减少供暖能耗，更加适合实际空调系统的变风量空调系统；分区方法 2，虽然在自由浮动模型和理想空气负载系统模型中表现出较好的性能，但是并不适合实际空调系统的变风量空调系统，这说明了传统的隔断式办公空间的节能性能较差。

# 5.5　热舒适度控制对建筑能耗的影响

## 5.5.1　热舒适度指标选择

EnergyPlus 将先进的热分析工具与多种热舒适度模型相结合，提供了分析区域能耗和环境控制的方法，保证环境控制方法能够使居住者感到舒适，而环境控制方法大部分是由空调系统完成的。

EnergyPlus 中对热舒适度的建模主要是由输入对象进行控制的，

输入对象包括用户选择的热舒适模型类型及所有的热舒适模型的输入参数。输入参数通常包括建筑空间内部的人员活动情况、人员工作效率、空气流速和衣服的隔热水平等。

EnergyPlus 提供多种热舒适模型，包括 Fanger 模型、Pierce Two‒Node 模型、KSU Two‒Node 模型、欧洲标准模型（EN15251‒2007）、基于 ASHRE55 标准的模型。其中应用最广泛的是 Fanger 模型，该模型基于能量分析，考虑了人体所有的能量损失情况，包括衣服外表的对流、辐射热损失，水蒸气通过扩散造成的热损失，皮肤、汗液从皮肤表面蒸发的热损失，呼吸和潜热损失及皮肤到衣服外部的热量传递。经过研究人员的验证与改进，EnergyPlus 内置的 Fanger 模型主要考虑 6 个参数：空气温度、辐射温度、相对湿度、风速、衣物热阻和人员活动，以 PMV（预测平均热感觉指标）和 PPD（预期不满意百分率）两个参数对人体热感觉进行判断。在 EnergyPlus 中，PMV 与 PPD 的计算见式(5.1)、式(5.2)。

$$
\begin{aligned}
\text{PMV} = (0.303\,e^{0.036} + 0.0275)[M - W - \\
0.3504(5.765 - 0.007H - P) - \\
0.42(h - 58.15) - 0.0172M(5.87 - P) - \\
0.0014M(34 - t_a) - 3.9 \times 10^{-8} f_{cl}(T_{cl}^4 - T_{mrt}^4) - \\
f_{cl} h_c(t_{cl} - t_a)]
\end{aligned}
\tag{5.1}
$$

$$
\begin{aligned}
\text{PPD} = 100 - 95\exp-[(0.03353\,\text{PMV}^4 + \\
0.2179\,\text{PMV}^2)]
\end{aligned}
\tag{5.2}
$$

式中，$M$ 为人体能量代谢率，单位为 $W/m^2$；$W$ 为人体的机械功率，单位为 $W/m^2$；$H$ 为关于人体能量代谢率和人体机械功率的函数，$H = M - W$；$P$ 为人体周围空气水蒸气的分压力，单位为 Pa；$t_a$ 为人体周围空气温度，单位为℃；$t_r$ 为平均辐射温度，单位为℃；$f_{cl}$ 为人体服装面积和裸露面积，单位为 $m^2$；$T_{cl}$ 为关于服装外表温度的函数，

$T_{cl}=t_{cl}+273$；$T_{mrt}$为关于平均辐射温度的函数，$T_{mrt}=t_r+273$；$t_{cl}$为服装外表面温度，单位为℃；$h_c$为表面传热系数，单位为 $W/(m^2 \cdot k)$。

PMV 值采用 ARSHER55－2004 标准 7 分制，其指标见表 5－12。《民用建筑室内热湿环境评价标准》（GB/T 50785—2012）中对不同热舒适性等级的 PMV 和 PPD 值进行了规定，见表 5－13。

表 5－12　ARSHER55－2004 标准 7 分制的 PMV 值

| 热感觉 | 热 | 暖 | 稍暖 | 适中 | 微凉 | 凉 | 冷 |
|---|---|---|---|---|---|---|---|
| PMV 值 | ＋3 | ＋2 | ＋1 | 0 | －1 | －2 | －3 |

表 5－13　热舒适性等级规定

| 热舒适性等级 | 评价指标 | |
|---|---|---|
| 一级 | PPD≤10％ | －0.5≤PMV＜0.5 |
| 二级 | 10％＜PPD≤25％ | －1≤PMV＜－0.5 或 0.5≤PMV＜1 |
| 三级 | PPD＞25％ | PMV＜－1 或 PMV＞1 |

## 5.5.2　控制变量的定义

EMS 模块的程序控制方法是通过定义不同类型的变量，通过 Perl 语言编辑程序，对相应的变量进行修改。EMS 模块常用的变量类型主要有传感器（Sensor）、执行器（Actuator）和全局变量（Global Variable）。传感器的作用是读取系统或组件的感知数据；执行器的作用是输出数据覆盖原本的控制量；全局变量物理上并不存在，是额外设定的方便程序的计算与控制。

在 IDF Editor 中定义对象——Output：EnergyManagementSystem，

仿真后会输出扩展名为 .edd 的文件,即可用类型的传感器。EMS 模块的程序变量见表 5 - 14。

表 5 - 14 EMS 模块的程序变量

| 变量用途 | 定义的变量名 | 变量类型 | 组件名称 | 执行元件类型 |
|---|---|---|---|---|
| 控制供暖设定点 | HEATSP | Actuator | Living Zone Direct Air | Zone Temperature Control |
| 控制制冷设定点 | COOLSP | Actuator | Living Zone Direct Air | Zone Temperature Control |
| 获取当前室内温度 | BSTP | Sensor | Living Zone Direct Air | |
| 获取制冷设定点 | CoolSetPoint | Sensor | Living Zone Direct Air | |
| 获取供暖设定点 | HeatSetPoint | Sensor | Living Zone Direct Air | |
| 获取 PMV 值 | PMVSensor | Sensor | Living Zone Direct People | |
| 获取人数 | PEOPLE | Sensor | Living Zone Direct People | |
| 系统模式 | HCModel | Global Variable | | |
| 人员模式 | PPModel | Global Variable | | |

## 5.5.3 程序调用点的定义

高级监督控制器可以预测当前的室内外热环境条件,根据热环境进行空调系统的控制,而 EMS 模块的程序调用点不仅可以实现不同控制环节的实时预测控制,还可以模拟、监督控制器的在线控制情况。在 EnergyPlus 模拟过程中，每个时间步长中进行模拟的步骤不同，EMS 模块在模拟的步骤中需要稳定的调用点。EnergyPlus 每个模拟时间步长中的主要步骤与 EMS 模块的调用点如图 5.27 所示。在模拟过程中，EMS 模块可以在模拟过程中调用程序，利用传感器得到现有环境数据和预测环境数据，利用控制器覆盖当前的控制量，达到在线控制的目的。由于 EnergyPlus 模拟的过程为每一个步长时间内完成一个循环，因此，EMS 模块设计的程序控制方式为在线控制，符合模型预测控制的"在线控制、滚动优化"的特点。

在 EMS 模块中，对象 EnergyManagermentSystem：ProgramCalling Mananger 的作用是管理调用程序的时间点。对编写的 EMS 程序定义合适的调用时间点，在合适的时间点中输出合适的数据，以达到在线预测控制的目的。本次开发的 EMS 模块程序需要在模拟运行阶段 AfterPredictorAfterHVACManagers 和 InsideHVACSystemIteration Loop 进行程序调用。第一个调用点调用程序 ModelSet 的部分，该部分判断室内环境属于哪种模式；第二个调用点调用 RUNPMVControl，通过不同模式判断是否需要运行基于 PMV 的控制算法，主要用来调用算法主程序。

由于 PMV 的直观可控，本书设计以 PMV 为控制量、基于经验和数据的空调设定点控制算法。EMS 模块程序算法步骤如下。

（1）对人员模式进行判断。取本次时间步长中的人数，然后确定系统中的人员模式，人员模式通过全局变量 PPModel 进行描述。人数少于设计人数的 10%，PPModel 设定为 0，则系统不运行舒适度控制；人数多于设计人数的 10%，PPModel 设定为 1，则系统运行舒适度控制。

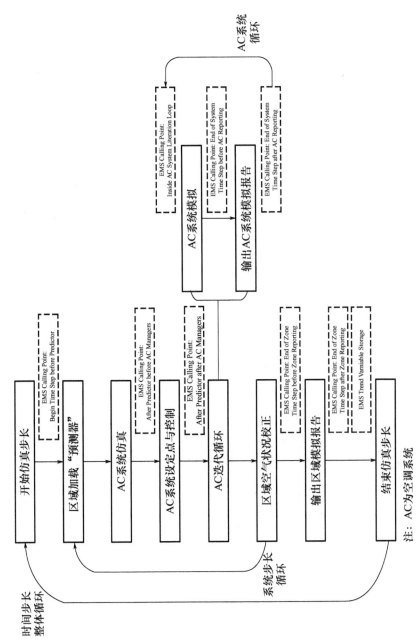

图 5.27　EnergyPlus 每个模拟时间步长中的主要步骤与EMS模块的调用点

（2）对系统模式进行判断。通过传感器 BSTP 获取当前室内温度，与当前设定点温度进行比较以确定系统模式，并通过全局变量 HCModel 进行描述。当前室内温度位于设定点温度的死区内部时，确定当前室内温度令人满意，HCModel 将设定为 0，系统不运行舒适度控制；当前室内温度高于制冷设定点时，HCModel 将设定为 1，系统运行舒适度控制；当前室内温度低于供暖设定点时，HCModel 将设定为 2，系统运行舒适度控制。

（3）对舒适度控制程序类型进行判断。当 PPModel 为 0 时，系统不运行舒适度控制程序；当 PPModel 为 1 时，系统运行舒适度控制程序。当 HCModel 为 0 时，系统不运行舒适度控制程序；当 HCModel 为 1 时，系统运行舒适度控制，调用制冷模式的控制程序；当 HCModel 为 2 时，系统运行舒适度控制，调用供暖模式的控制程序。

（4）运行控制程序，调整室内空间舒适度。通过传感器 PMVSensor 获取室内 PMV 值，将室内 PMV 值与设定的阈值对比，根据选取的规则确定温度设定点的调节幅度，通过控制器 COOLSP 和 HEATSP 调节温度设定点。

## 5.5.4　基于粗粒度的 PMV 区间控制

为了研究热舒适度控制对建筑能耗的影响，参考《室内空气质量标准》（GB/T 18883—2020）给出的空调温度标准值，将 PMV 划分为 7 个区间，表 5-15 为基于粗粒度的 PMV 区间与对照组温度设定点。选择 4 组实验进行对照，当 $PMV \in [+3, \infty)$ 时，对照组 0 的制冷温度设定点为 25℃、供暖温度设定点为 20℃；对照组的制冷温度设定点为 22℃、供暖温度设定点为 17℃；对照组 2 的温度设定点比对照组 1 降低 1℃，对照组 3 的温度设定点比对照组 2 降低 1℃。

这样可以探索不同PMV值的情况下，温度设定点应该设置在什么范围。随着PMV区间的变化，除了对照组0外，其他对照组的温度设定点都会相应变化1℃。

表5-15　基于粗粒度的PMV区间与对照组温度设定点

单位：℃

| PMV区间 | 对照组0 | 对照组1 | 对照组2 | 对照组3 |
|---|---|---|---|---|
| [+3, ∞) | 25/20 | 22/17 | 21/16 | 20/15 |
| [+2, +3) | 25/20 | 23/18 | 22/17 | 21/16 |
| [+1, +2) | 25/20 | 24/19 | 23/18 | 22/17 |
| (−1, +1) | 25/20 | 25/20 | 25/20 | 25/20 |
| (−2, −1] | 25/20 | 26/21 | 27/22 | 28/23 |
| (−3, −2] | 25/20 | 27/22 | 28/23 | 29/24 |
| (−∞, −3] | 25/20 | 28/23 | 29/24 | 30/25 |

以建筑空间内人数超过额定人数的10%为界限，输出控制器工作期间的PMV值作为绝对值差，全年控制器工作时间为2268h。调整并运行EMS程序，获得对照组0~3的全年总能耗、全年不舒适小时数、全年制冷能耗、全年供暖能耗。表5-16为基于粗粒度PMV区间控制的全年各项能耗与不舒适度小时数。

表5-16　基于粗粒度PMV区间控制的全年各项能耗与不舒适度小时数

| 项目 | 对照组0 | 对照组1 | 对照组2 | 对照组3 |
|---|---|---|---|---|
| 全年总能耗/(kWh) | 157783.92 | 157897.71 | 157916.80 | 157955.47 |
| 全年不舒适小时数/h | 1809.00 | 1765.25 | 1759.25 | 1756.75 |

续表

| 项目 | 对照组 0 | 对照组 1 | 对照组 2 | 对照组 3 |
|---|---|---|---|---|
| 全年制冷能耗/(kWh) | 22698.87 | 22763.54 | 22794.86 | 22839.26 |
| 全年供暖能耗/(kWh) | 3789.91 | 3820.20 | 3796.22 | 3775.70 |

由全年总能耗和不舒适小时数可以看出，与对照组 0 相比，对照组 1 增加了 113.79kWh，对照组 2 增加了 132.88kWh，对照组 3 增加了 171.55kWh；而不舒适小时数都降低了，对照组 1 降低了 43.75h，对照组 2 降低了 49.75h，对照组 3 降低了 52.25h。这说明提高温度设定点增加了建筑能耗，但获得了较长时间的舒适性。

### 5.5.5 基于细粒度的 PMV 区间控制

为了进一步探索温度设定点和 PMV 值对建筑能耗的影响，有必要细化控制粒度，首先将 PMV 区间进行细化，由原来的 7 个区间细化到 11 个区间，基于细粒度的 PMV 区间与对照组温度设定点见表 5-17。

表 5-17 基于细粒度 PMV 区间与对照组温度设定点

单位：℃

| PMV 区间 | 对照组 4 | 对照组 5 | 对照组 6 |
|---|---|---|---|
| [+3, +∞) | 22/17 | 21/16 | 20/15 |
| [+2.5, +3) | 22.5/17.5 | 21.5/16.5 | 20.5/15.5 |
| [+2, +2.5) | 23/18 | 22/17 | 21/16 |
| [+1.5, +2) | 23.5/18.5 | 22.5/17.5 | 21.5/16.5 |
| [+1, +1.5) | 24/19 | 23/18 | 22/17 |

续表　单位：℃

| PMV 区间 | 对照组 4 | 对照组 5 | 对照组 6 |
|---|---|---|---|
| (−1, 1) | 25/19.5 | 25/18.5 | 25/17.5 |
| (−1.5, −1] | 26/20 | 27/19 | 28/18 |
| (−2, −1.5] | 26.5/20.5 | 27.5/19.5 | 28.5/18.5 |
| (−2.5, −2] | 27/21 | 28/20 | 29/19 |
| (−3, −2.5] | 27.5/21.5 | 28.5/20.5 | 29.5/19.5 |
| (−∞, −3] | 28/22 | 29/21 | 30/20 |

通过 EMS 模块中的 subroutine，使用 Perl 语言进行控制程序的编写；在 IDF Editor 中对 EnergyManagermentSystem：Subroutine 的控制程序进行修改，细化控制粒度；运行 EnergyPlus 后得到全年总能耗、全年不舒适小时数、全年制冷能耗和全年供暖能耗。表 5-18 为基于细粒度 PMV 区间控制的全年各项能耗与舒适度小时数。

表 5-18　基于细粒度 PMV 区间控制的全年各项能耗与舒适度小时数

| 项目 | 对照组 4 | 对照组 5 | 对照组 6 |
|---|---|---|---|
| 全年总能耗/(kWh) | 157885.63 | 157915.57 | 157955.48 |
| 全年不舒适小时数/h | 1765.50 | 1757.75 | 1755.00 |
| 全年制冷能耗/(kWh) | 22764.55 | 22795.14 | 22838.23 |
| 全年供暖能耗/(kWh) | 3807.79 | 3794.95 | 3775.75 |

综合表 5-16 和表 5-18，由全年总能耗可以看出，与对照组 0 相比，对照组 4 增加了 101.71kWh，对照组 5 增加了 131.65kWh，对照组 6 增加了 171.56kWh；而全年不舒适小时数都降低了，对照组 4 降低了 43.50h，对照组 5 降低了 51.25h，对照组 6 降低了

54.00h。与粗粒度的 PMV 区间控制结果相比，细粒度 PMV 区间控制的建筑能耗和舒适性方面并没有明显改善。

# 5.6 小　结

本章首先对代表性的建筑能耗模拟软件进行了介绍和比较，并重点阐述了 EnergyPlus 的建模步骤，然后利用 EnergyPlus 建立了公共建筑中的单个房间。建筑模型从空调设定温度、设备运行时间、人数、天气状况和墙体耦合传热等方面分析了建筑能耗，为建筑节能运行提供参考。其次对办公建筑空间分别建立了自由浮动模型、理想空气负载系统模型和实际空气系统模型，并分析了热区划分和人员分布对建筑能耗的影响。最后对建筑模型基于 PMV 区间控制进行了仿真，着重分析了粒度对建筑能耗和舒适性的影响。

# 第 6 章

## 建筑节能技术

# 6.1 建筑能耗现状

建筑能耗的定义通常有广义建筑能耗和狭义建筑能耗之分，其中广义建筑能耗是指建筑在全寿命周期内发生的所有能耗；狭义建筑能耗是指建筑正常使用年限内维持其正常功能发生的能耗。建筑能耗在社会的整体能耗中所占比例较大，随着社会发展和生活水平的提高，这一占比也在逐年增加。《中国建筑能耗研究报告 2020》的报告提到：2018 年我国的建筑能耗已达到了全国能耗总量的 45% 以上，而且还在不断攀升。

## 6.1.1 国内建筑能耗现状

我国处于北半球中低纬度，地域广阔，跨多个气候带，气候条件复杂多样，冬夏持续时间较长。我国庞大的人口基数直接导致了庞大的建筑面积和不断加快的建筑面积增长速度，2004—2018 年，全国建筑存量面积从 400 亿 m² 增长到 674 亿 m²，其中城镇住宅面积从 2004 年的 96.16 亿 m² 增长到 2018 年的 307 亿 m²，增加了约 220%；城镇公共建筑面积从 2004 年的 52.9 亿 m² 增长到 2018 年的 129 亿 m²。复杂的气候条件、庞大的建筑面积和较快的建筑面积增长速度导致我国的建筑能耗状况复杂多样。

根据《中国建筑能耗研究报告 2020》可知，2018 年全国建筑全寿命周期能耗总量为 21.47 亿 tce，占全国能耗总量的 46.5%。2018 年全国建筑运行阶段能耗为 10 亿 tce，占全国能耗总量的 21.7%；

其中，公共建筑能耗 3.83 亿 tce，占比为 38.3%；城镇居住建筑能耗 3.8 亿 tce，占比为 38.0%；农村居住建筑能耗 2.37 亿 tce，占比为 23.7%。

2018 年全国建筑存量面积为 674 亿 m²，其中，公共建筑面积 129 亿 m²，占比约为 19%，人均公共建筑面积为 9.24m²；城镇居住建筑面积 307 亿 m²，占比约为 46%，城镇人均居住建筑面积为 37m²；农村居住建筑面积 238 亿 m²，占比约为 35%，农村人均居住建筑面积为 42.3m²。

从建筑能耗强度看，公共建筑能耗强度是三种类型建筑用能中强度最高的，且近年来一直保持增长的趋势。2018 年公共建筑能耗强度为 29.73kgce/m²，分别约是城镇居住建筑能耗强度的 2.4 倍（12.38kgce/m²）和农村居住建筑能耗强度的 3.0 倍（9.98kgce/m²），三种类型建筑的能耗强度均为发电煤耗法口径。2018 年公共建筑电耗强度为 61.94kWh/m²，分别约是城镇居住建筑电耗强度的 3.8 倍（16.29kWh/m²）和农村居住建筑电耗强度的 3.3 倍（18.82kWh/m²）。2018 年全国建筑能耗、建筑面积和建筑能耗强度如图 6.1 所示。

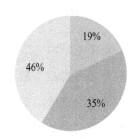

<table>
<tr><td>■公共建筑　■城镇居建　■农村居建</td><td>■公共建筑　■城镇居建　■农村居建</td></tr>
<tr><td>（a）建筑能耗（亿tce）</td><td>（b）建筑面积（亿m²）</td></tr>
</table>

图 6.1　2018 年全国建筑能耗、建筑面积和建筑能耗强度

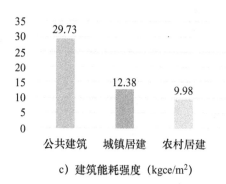

c) 建筑能耗强度（kgce/m²）

图 6.1　2018 年全国建筑能耗、建筑面积和建筑能耗强度（续）

## 6.1.2　国外建筑节能政策发展

1973 年，第一次全球能源危机全面爆发，能源问题自此浮出水面，受到广泛关注。在能源危机的推动下，发达国家的建筑节能政策、理论、技术和标准逐渐产生、发展并日趋完善。建筑节能理念的发展历程大致为抑制需求、终端节电、环境和谐共生三个阶段。

抑制需求阶段主要体现在二十世纪六七十年代。这个阶段的特点是人们开始考虑在舒适和节能之间寻找新的平衡，通常采取的措施有加强建筑的气密性、降低门窗的渗透风量、降低室内供暖设定温度、调低办公楼空调的新风标准等。二十世纪八十年代，建筑智能化技术取得了极大进步，智能建筑得到了迅猛发展，随之而来的建筑节能也从抑制需求阶段逐渐走向终端节电阶段。如何提高设备和终端的能效、降低系统能耗是这一阶段的主要特征。为保障建筑空间的安全、舒适、健康和节能，终端节电提到了与办公自动化等同样重要的位置。进入二十世纪九十年代后，可持续发展、环境和谐共生、智慧建筑成为了建筑领域的新主题。此时，绿色是建筑节能的一大特征。建筑不仅要节约资源和能源，而且要保护环境，促进生态健康发展。建筑节能进入了一个全新的发展阶段。

欧洲自二十世纪七十年代起由政府牵头，不遗余力地开展建筑节能工作，取得了丰硕的成果。德国政府非常重视节能减排，制定了一系列的法律法规和标准规范。1976 年，德国通过第一部建筑节能领域的基本法《建筑节能法》（即 En EG），对新建建筑的采暖、通风、供水等设备的安装和使用均有节能要求，规定新建建筑必须采取节能措施。随后，德国政府又颁布了一系列的建筑节能条例，指导和规范建筑节能工作。2002 年，德国政府颁布了《建筑节能条例》（即 En EV2002），该条例是在《建筑保温条例》和《供暖设备条例》的基础上发展而来的，用来指导不同类型建筑和设备的节能设计。《建筑节能法》和《建筑节能条例》每隔几年都会进行修订，每次修订都大幅度提高节能标准，以此来促进建筑节能的发展，满足节能减排的要求。由于《建筑节能条例》体现了德国最新的建筑节能技术并且具有很强的可操作性，因此，2006 年《建筑节能条例》（En EV2006）正式成为欧盟的建筑节能条例。2010 年，欧洲议会通过新的建筑节能标准，要求 2020 年后的新建建筑必须"在实质上达到碳中和"（即零能耗）；新建住宅必须达到低能耗住宅的标准，即年热消耗不大于 $70 kWh/m^2$。近年来，德国在建筑节能方面取得了长足进步，不断涌现出年热消耗不大于 $30 kWh/m^2$ 的建筑以及能耗更低的被动房。英国政府高度重视建筑节能，在 1972 年颁布了《建筑条例》，对建筑节能提出了要求。英国拥有建筑节能方面完善的体系框架，颁布了《建筑法》《住宅法》《环境保护法》等法律，同时推出强制实施的《建筑条例》《建筑产品条例》，而且还配合有相应的技术准则、实用指南、技术标准等,这些法律、法规、准则、标准等形成了自上而下的、完整的法律法规体系,极大地促进了建筑节能的发展。英国是强制推行绿色建筑的国家。为了鼓励绿色建筑,英国政府利用公共财政支持绿色建筑发展,制定了节能激励、碳排放等方面的财税政策,包括推行能源证书制度、节能补贴、开征能源税等。2010 年,英国政府出台《建筑能效法规(能源证书和检查制度)》,强制推行住宅建筑和公共建筑的能效证书制度,强制要求所有建筑都要在施工期进行能效性能评价。此外,英国政府还通过经济手段和宣传手段,将绿色建筑理念深入到英国家庭的日常生活中。

美国在建筑节能方面同样是受全球能源危机的激励,相继出台了相关法律法规和标准。1975 年,美国政府出台《能源政策和节能法案》,随后,美国政府陆续出台了《新建筑物结构中的节能法规》《节能政策法》《能源税法》《国家能源管理改进法》《国家能源政策法》等法律法规,为推进建筑节能、发展绿色建筑提供了较完备的法律依据。在建筑节能标准方面,美国各州接受最广泛的是由美国采暖、制冷与空调工程师学会推出的《除低层居住建筑外的建筑节能规范》(ASHRAE 90.1),该规范的附录 G 给出了能耗模拟过程的标准化方法。以 ASHRAE 90.1 为节能设计规范,美国能源部开展了一系列的节能项目,其中包括能源之星项目。

自 1973 年第一次全球能源危机全面爆发以来,能源问题就受到了广泛的关注,很多国家开始重视能源和节能问题。在能源危机的背景下,发达国家的建筑节能观念和标准体系也日趋完善。

发达国家的建筑节能观念的发展历程大致经历了三个阶段:抑制需求、终端节电、结合环境。

二十世纪六十年代到七十年代初,在能源危机的背景下,研究人员开始考虑在舒适健康和节能之间寻找新的平衡。具体措施有降低室内供暖设定温度及办公楼空调的新风标准、加强建筑物的气密性、降低门窗的渗透风量等。

二十世纪八十年代初，在科技发展的背景下，智能建筑逐渐兴起。为保证智能建筑中脑力劳动者的高工作效率及舒适健康、安全的室内环境，终端节能与建筑设备、办公自动化、通信网络受到关注。

二十世纪九十年代，随着可持续发展理论的提出、综合资源规划方法和需求侧管理技术的发展，提高了需求侧的能源利用率，改变了单纯以增加资源供给来满足需求增长的情况。综合资源规划方法和需求侧管理技术是节能观念上的一次飞跃，使建筑节能技术的发展进入了理性化的阶段，受到了各国能源机构的高度重视。

二十一世纪以来，建筑能耗模拟成为建筑节能的重要手段，其标准化方法也受到了重视，尤其是发达国家的建筑能耗模拟标准化方法已经日趋成熟。国外发达国家的建筑能耗模拟标准化方法各有不同，本书以英国、美国和加拿大为例，介绍建筑能耗模拟标准化方法的发展。

2002 年，欧洲议会和欧盟理事会通过了关于建筑能耗的法律性文件——《建筑能效指令》（EPBD），从建筑节能的诸多方面制定了具体政策，建立了建筑节能相关的制度体系。英国对于 EPBD 中要求的建筑能耗计算方法设定了国家计算方法（NCM），判定了相关的国家计算方法模拟导则（NCM modelling guide），为 NCM 的模拟过程提供了标准性的参考。此外，英国供暖空调工程师协会于 1998 年出台了 AM11 手册，该手册中为包含能耗模拟在内的建筑能耗模拟提供了部分标准。

美国各州接受最广泛的建筑节能标准是由美国暖通空调制冷工程师协会发的《除低层住宅外的建筑物的能量标准》（ANSI ASHRAE/IESNA 90.1k～2001）标准。其中的附录 G 为建筑能耗模拟过程参考性的标准化方法。以 ANSI ASHRAE/IESNA 90.1k—2001 为节能设计标准，美国开展了一系列的节能项目，其中包括能源之星计划。围绕能源之星计划中的多户住宅性能提升计划，美国出台了相关的能源之星模拟导则（Energy Star modelling guide），这个导则作为 ANSI ASHRAE/IESNA 90.1k—2001 附录 G 的补充，被用来评估建筑节能性能。

1989 年，加拿大建筑节能常委会发布了《国家建筑节能规范》（NECB），规范不断更新，目前 NECB 已经更新至 2015 年版。在 NECB 1997 版中，规范限定能耗模拟软件需采用加拿大国家计算软件 EE4 能耗模拟软件，并为此软件专门编写了 EE4 能耗模拟导则（EE4 modeling guide）。随着国际上能耗模拟软件的发展，NECB 2011 版中已不再要求使用 EE4 软件作为加拿大国家能耗模拟软件，而是建议使用 CanQuest 能耗模拟软件。CanQuest 为加拿大国家模拟软件，由 eQuest 能耗模拟软件改进而来。

## 6.1.3　国内建筑节能政策发展

我国在建筑节能领域的法律法规主要有《中华人民共和国建筑法》《中华人民共和国节约能源法》《建设工程质量管理条例》《物业管理条例》《中华人民共和国可再生能源法》《民用建筑节能条例》等，这些法律法规保障和促进了我国建筑节能的发展。《中华人民共和国节约能源法》首次赋予节能的法律地位，明确了节能是国家经济发展的一项长远战略方针。《民用建筑节能条例》条文指出民用建筑节能项目依法享受税收优惠。此外，《民用建筑节能条例》明确政府应引导金融机构对既有建筑节能改造、可再生能源应用和民用建筑节能示范项目等提供支持，该条例的颁布大大促进了我国建筑节能领域的发展。

　　建筑节能领域的国家标准和行业标准体系逐渐完善，与建筑节能有关的标准规范有《民用建筑节能设计标准》（JGJ 26—95）《采暖居住建筑节能检验标准》（JGJ/T 132—2009）、《住宅性能评定技术标准》（GB/T 50362—2005）、《民用建筑能耗数据采集标准》（JGJ/T 154—2007）、《公共建筑节能改造技术规范》（JGJ 176—2009）、《节能检测技术通则》（GB/T 15316—2009）、《公共建筑节能设计标准》（GB 50189—2015）、《建筑采光设计标准》（GB 50033—2013）、《夏热冬冷地区居住建筑节能设计标准》（JGJ 134—2010）、《夏热冬暖地区居住建筑节能设计标准》（JGJ 75—2012）、《建筑节能工程施工质量验收规范》（GB 50411—2019）、《绿色建筑评价标准》（GB/T 50378—2019）等。这些标准规范涵盖了建筑节能项目的设计、检验、验收等多个方面，有些标准规范已经过了多轮修订，为建筑节能提供了强有力的支撑。

## 6.2　建筑能耗预测技术

　　建筑能耗计算和预测可用于建筑设计和运维管控、既有建筑改造等，为相关人员提供数据支撑。最早的建筑能耗计算可追溯到二十世纪七十年代全球性能源危机，工程简化计算方法正是从这个时候开始发展起来的。二十世纪八十年代中期，研究人员使用统计学方法来计算和预测商业建筑能耗，其中主要的方法是多元回归方法。进入二十世纪九十年代之后，人工智能理论和技术获得了飞速发展，开始有研究人员使用学习算法来预测商业建筑能耗，此时人工神经网络模型得到了广泛应用。随着更先进的硬件技术和云计算技术的应用,研究人员可以通过增加计算资源的方式加快计算速度,使得依赖更多数据的计算方法被越来越广泛地采用。

(1) 工程简化计算方法。

建筑能耗的工程简化计算方法是基于热力学第一定律的计算方法,应用非常广泛。该方法通过围护结构的热工性能、室外空气状态和室内控制参数等来计算室内外的热量交换,从而确定建筑能耗总量。常见的建筑能耗工程简化计算方法有度日法、当量满负荷运行法、有效传热系数法和温频法等。在此基础上发展起来的方法有简化气象数据的能耗计算方法、简化建筑热模型的能耗计算方法等。简化气象数据的能耗计算方法对气象数据进行简化,如使用月平均温度来计算建筑能耗,根据月平均温度、相对湿度、大气压力等气象数据估计制冷能耗和供热能耗。简化建筑热模型的能耗计算方法对建筑热模型采取了简化策略,如对于建筑围护结构,使用频率特性分析来确定模型参数;对于建筑内部构件,采用热网来表示建筑内部、使用运行数据来确定参数。

(2) 统计学方法。

建筑能耗计算和预测的统计学方法是利用建筑能耗数据集,通过统计学方法,如采用多元回归方法,将建筑能耗和建筑参数关联起来的一种计算方法。在使用多元回归方法时,建筑热模型的输入变量以建筑形体参数和围护结构属性为主。描述建筑形体的参数主要为建筑体形系数、长宽比、朝向、建筑面积、楼层数、房间数等。由于建筑能耗计算所采取的具体方法不一样,其计算误差也相差悬殊,通常是输入变量数量越多,建筑模型就越精确,计算误差就越小。

(3) 人工智能方法。

人工智能(Artificial Intelligence,AI)是研究类人智能的理论、

方法、技术及应用系统的一门新科学。人工神经网络、支持向量机、灰色模型、时间序列法、深度学习等都是应用较广泛的人工智能方法。

人工神经网络（Artificial Neural Network，ANN）是由大量的神经元互相连接而成的网络，具有高度非线性及自适应、自组织特征，被用来模拟认知、决策和控制等智能行为。人工神经网络是建筑能耗预测中应用最广泛的人工智能方法之一，其在建筑能耗预测方面能得到比传统模拟方法和回归方法更高的精度，在建筑领域有非常好的应用潜力。在使用人工神经网络进行建筑能耗预测的案例中，反向传播神经网络模型的使用率非常高，其输入变量主要以围护结构参数和气象参数为主。人工神经网络的主要优点是能够隐式检测输入和输出之间的复杂非线性关系，其缺点主要是：①在方法训练时，需要样本数据量足够大才能获得满意的预测结果；②当样本数据持续增加时，收敛速度将会变慢；③对参数的选择较为敏感，如隐含层节点数的选取没有固定的公式，只能凭借经验多次训练获得相应的公式。

支撑向量机（Support Vector Machine，SVM）以小样本为基础，通过优化支持向量机回归（Support Vector Regression，SVR）来构建建筑能耗预测模型。支撑向量在构建建筑能耗预测模型时，其最优预测结果与核函数的选择有着密切关系，研究人员需要根据数据特征以及自身经验确定核函数，这就增加了使用支撑向量机的不确定性，降低了模型的预测精度。此外，当支撑向量机遇到大规模样本数据时，矩阵的存储和计算将占用大量的内存和耗费很长的运算时间。

灰色系统理论是一门研究信息部分清楚、部分不清楚并带有不确定性现象的应用数学学科。灰色系统理论的计算量小，对所需的数据要求低，一般几个数据就可建立灰色模型。利用灰色模型对建筑能耗问题建模的时候，不考虑到样本序列的波动性，因此，对具有振荡特性数据，预测效果可能不理想。因为灰色模型对历史数据有很强的依赖性，需要考虑到各个因素之间的联系，会导致误差偏大。

时间序列法属于数据驱动模型法。由于建筑系统的强大惯性，建筑能耗在短时间内常常表现为在过去能耗基础上的一种随机起伏状态。时间序列法实质是由内加权移动平均法演变而来的一种方法。时间序列法通过对过去时间序列数据进行统计分析，消除偶然因素导致的预测误差。在外界因素有较大变化时，时间序列法的预测结果可能会出现较大误差；时间序列法只适合中短期预测，这是因为在一个较长时间内，外界因素发生变化的可能性加大，这将导致预测结果与实际情况严重不符。

深度学习属于深层结构算法，通过从浅层到深层的逐层贪婪学习，不断优化网络拓扑结构，改善传统的浅层结构学习算法对多个隐含层网络训练效果不佳的问题。深度学习需要大量的样本数据，在样本数据不够多的情况下，训练过程中很难学习到有用的信息；在增加样本数据的过程中，训练的时间也在逐步增长。

# 6.3　建筑设备与节能措施

## 1. 电动机节能措施

电动机能量损耗的种类包括恒定损耗、负载损耗和杂散损耗（表 6-1）。

表 6-1　电动机能量损耗的种类

| 损耗类型 | 具体损耗 | 引起损耗的原因 |
|---|---|---|
| 恒定损耗 | 铁心损耗 | 主磁场在电动机铁心中交变所引起的涡流损耗和磁滞损耗，以及空载电流通过定子绕组的漏磁通在定子机座、端盖等金属中产生的损耗 |
| | 机械损耗 | 轴承摩擦损耗及通风系统损耗，绕线式转子还存在电刷摩擦损耗 |
| 负载损耗 | 定子铜耗 | 负载电流及绕线电阻 |
| | 转子铜耗 | |
| 杂散损耗 | | 主要由定子、转子各高次谐波在导线、铁心及其他金属部件内所引起的损耗 |

　　根据负荷为建筑选择合适的电动机是建筑节能降耗的一个措施，选择电动机需注意以下几个方面的要求。①根据负载的启动以运行特性选择电动机的类型，以满足生产机械工作中的各工况要求；②根据使用场所的环境条件选择电动机的防护方式和冷却方式，以确保电动机安全可靠地运行；③根据负载大小选择电动机的容量，以提高电动机的运行效率；④选择可靠性高、便于维护的电动机；⑤尽量选择可替换的标准电动机，并考虑其极数及电压等级；⑥电动机的能效限定值和节能评价值应符合要求。

　　电动机的经济运行是电动机使用阶段重要的节能措施。理论证明，当电动机的固定损耗和可变损耗相等时，其效率最高。在工程实践中，使电动机固定损耗和可变损耗相等时的负荷率称为经济负荷率 $\beta_j$，其计算见式 6.1。

$$\beta_j = \sqrt{\frac{p_0}{\left(\frac{1}{\eta_n}-1\right)p_n-p_0}} \tag{6.1}$$

式中，$p_n$ 为电动机额定功率，单位为 kW；$p_0$ 为电动机的空载损耗，单位为 kW；$\eta_n$ 为电动机的额定效率，单位为 kW。

电动机就地无功补偿可减小供电网、配电变压器、低压配电线路的负荷电流；可减小配电线路的导线截面和配电变压器容量；可减少配电变压器及配电网的功率损耗；可降低电动机的启动电流。其计算见式 6.2、式 6.3。

$$Q_c = p\left(\sqrt{\frac{1}{\cos^2\varphi_1}-1}-\sqrt{\frac{1}{\cos^2\varphi_2}-1}\right) \tag{6.2}$$

$$Q_c = \sqrt{3}U_cI_c = \sqrt{3}U_c^2(2\pi fC)\times10^3 - 0.544CU_c^2 \tag{6.3}$$

式中，$p$ 为异步电动机的有功功率，单位为 kW；$\cos\varphi_1$ 为补偿前电动机的功率因数，$\cos\varphi_2$ 为补偿后电动机的功率因数；$Q_c$ 为所需补偿容量，单位为 kvar；$U_c$ 为电容器的额定电压，单位为 kV；$C$ 为电容器的容量，单位为 F。

2. 风机、水泵的节能措施

在选配风机和水泵时，工程人员往往以最大需求选配风机的风量、水泵的流量，及风机和水泵的功率。若实际需求降低，则风机、水泵的定速运行与其风量、流量需求不适应，就会造成风量、流量过剩；风机和水泵运行都存在高效区，如果风机和水泵的选配裕量过大，则其运行工况不在高效区，而在低效区；以上情况都不利于建筑的节能降耗。

为解决这些问题，一方面需要为建筑选择合适的风机和水泵；另一方面需要为风机和水泵配备变频器，并选择先进的控制方法，运行最优的控制策略。

### 3. 电梯的节能措施

电梯轿厢内电气设备有空调机、换气扇、照明设备、显示设备等。空调机可利用变频控温和间歇控制的方法节能；换气扇可通过检测轿厢内空气质量来控制，减少换气扇的工作时间；可以设置照明设备、显示设备的节假日模式、低人流模式来减少工作时间。

电梯的能量回收是电梯动力系统最重要的节能方式，其原理是电梯轻载上行和重载下行时驱动电动机在发电制动状态下工作，可将机械能转化为电能。传统电梯控制中，这部分电能会消耗在发电机的绕组或外加的能耗电阻上，造成了较大的能源浪费。电梯的能量回收是采用能量回收装置，将电梯运行过程中产生的再生电能进行回收、储存，并将储存的电能逆变为符合要求的三相工频正弦波交流电并给其他的电梯或用电设备供电，使电梯电力拖动系统单位时间内消耗的电网电能下降，从而达到节约电能的目的。

### 4. 终端电器的节能措施

我国 2005 年 3 月开始实施《能源效率标识管理办法》，随后出台了多部关于终端用电电器的能效限定值或能效等级标准。

能源效率标识又称能效标识，是全球通用的能效标注办法。能效标识的等级说明见表 6-2。

表 6-2 能效标识的等级说明

| 能效标识 | 等级说明 |
| --- | --- |
| 1 | 产品达到国际先进水平，最节电，能耗最低 |
| 2 | 比较节电，但不及等级 1 |

续表

| 能效标识 | 等级说明 |
|:---:|:---|
| 3 | 产品的能源效率为我国市场平均水平 |
| 4 | 产品的能源效率低于我国市场平均水平 |
| 5 | 市场的准入指标，低于该等级要求的产品不允许生产和销售 |

# 6.4 热泵空调技术

热泵空调利用低品位可再生能源，通过电力驱动，实现供冷、供热。相比常规空调，其能效比高，可替代常规能源、减少化石燃料的利用、消纳可再生能源发电，是降低建筑能耗、促进终端用能清洁化、提高建筑可再生能源利用率的有效方式。热泵空调可使用低品位能源，在我国已得到广泛应用。

1. 吸收式热泵

吸收式热泵利用热能驱动，将热量由高温区传递到低温区。根据输出温度不同，吸收式热泵可分为增热型吸收式热泵（AHP）和升温型吸收式热泵（AHT），其理论热力循环可看作由卡诺循环驱动下的逆卡诺循环。AHP 以牺牲驱动热源品质换取供热总量增加，被广泛用于供暖和制备生活热水；AHT 以牺牲驱动热源热量换取供能品质提升，被广泛用于温度转换和制备工业热水、蒸汽。

（1）空气源吸收式热泵。

空气源吸收式热泵（ASAHP）因低品位热源获取方便、装置简单而被广泛用于建筑供热。传统的 ASAHP 以溴化锂/水为运行介质，由风冷蒸发器从空气中取热。但随着室外温度降低，系统的蒸发压力降低、吸收效果减弱、制热性能变差，以水为制冷剂的 ASAHP 无法在蒸发温度低于 0℃ 的工况下运行。考虑风冷蒸发器的换热温差，当室外温度低于 13℃ 时，ASAHP 系统可能无法正常运行，而此温度区间在冬季供暖地区非常常见。

为提高 ASAHP 的低温适用性，需要对其进行改进，目前常用的改进方法有系统流程改进法和循环工质改进法。系统流程改进法主要有如下形式：双级发生吸收式、双级耦合吸收式、双级复叠吸收式和增压辅助吸收式。根据压缩机所处位置不同，增压辅助可分为高压增压辅助和低压增压辅助。以上改进方法均可提高系统的低温适用性，其优缺点见表 6-3。

表 6-3　改进方法的优缺点

| 系统形式 | | 改进措施 | 优点 | 缺点 |
| --- | --- | --- | --- | --- |
| 双级发生吸收式系统 | | 溶液循环两级升压 | 降低系统所需驱动热源温度 | 供热能效比低，系统初投资较高 |
| 双级耦合吸收式系统 | | 中间水环路间接连接 | 可实现系统单双级之间的切换 | 中间水环路增加换热的不可逆损失 |
| 双级复叠吸收式系统 | | 蒸发冷凝器 | 直接连接减少两级热泵间的换热损失 | 不可实现系统单双级之间的切换 |
| 增压辅助吸收式系统 | 低压增压辅助吸收式系统 | 增大吸收压力 | 增压装置的等熵效率较高 | 增压装置的理论输气量较大 |
| | 高压增压辅助吸收式系统 | 降低发生压力 | 增压装置的理论输气量小 | 增压装置的等熵效率较低 |

（2）新型高效的吸收式升温换热系统。

传统 AHT 通过发生器与蒸发器从中温热源取热，在吸收器中制取高温热水。近年来，有学者提出了多种新型高效的吸收式温升换热系统。双吸收系统中，一部分液体制冷剂在蒸发器内吸热汽化，形成的制冷剂蒸汽进入吸收蒸发器中被吸收并放热；另一部分液体制冷剂吸收热量并汽化成高压制冷剂蒸汽进入吸收器中被吸收并放热。喷射吸收系统利用高压蒸汽驱动喷射器引射低压蒸汽。

### 2. 地源热泵与水蓄能复合系统

地源热泵与水蓄能复合系统在利用低品位热能的同时，可以灵活消纳电力，尤其是可再生能源生产的电力，并产生热量或冷量。实现能源的产用一体化，进而达到建筑的低能耗或零能耗。在节能减排、双碳目标的背景下，地源热泵与水蓄能复合系统已成为建筑能源系统的重要形式。

地源热泵系统是利用浅层地热资源，夏季可以供冷，冬季可以供热的冷热源系统。水蓄能系统的形式有很多种，比如单槽水蓄能系统（自然分层式、隔膜式、迷宫式）、双槽水蓄能系统、多槽水蓄能系统等，应根据工程具体情况选用不同形式的蓄能水池。目前工程实际中应用最多的是单水槽自然分层水蓄能系统。

地源热泵与水蓄能复合系统，结合了地源热泵和水蓄能系统的各自优势，具有以下特点。

（1）地源热泵与水蓄能复合系统可以降低地源热泵机组的装机容量、利用峰谷电价差节省运行费用。虽然地源热泵机组设备的初期投资减少了，但是由于增加了水蓄能系统设备及管线系统，因此这种复合系统的初期投资是增加的。在选用这种复合系统的时候，要经过经济技术的分析比较，确定合理的蓄能比例，将节省的运行费用与增加的初期投资比较，计算动态投资回收期，动态投资回收期为 6～7 年，应该是比较合理的。

（2）采用地源热泵与水蓄能复合系统，可以通过自动控制策略，实现地源热泵机组在高负荷状态下运行，提高地源热泵机组的能效比。

（3）由于地源热泵机组采用一机多用，这种复合系统在夏季可以实现供冷和蓄冷工况，冬季可以实现供热和蓄热工况。在一些大型项目中，通过合理的系统设计，实现过渡季节同时蓄能工况，满足全年气候条件下的空调工况。

## 6.5 基于模型预测控制的空调系统的节能控制

### 6.5.1 模型预测控制的基本思路

第 5 章利用 EnergyPlus 进行了建筑能耗模拟，开展了建筑能耗分析。如果要实现节能与舒适两方面的目标，则必须寻求更为合适的控制方法。为解决这个问题，本节采用模型预测控制方法，探索建筑节能的新途径。首先建立负荷条件的变风量空调系统的状态空间模型，然后设计模型预测控制器，最后提出基于模型预测控制（MPC）的空调系统优化控制方法。

模型预测控制，又称滚动时域控制、后退时域控制、动态矩阵控制、广义预测控制等，近年来被广泛研究和应用。模型预测控制根据测量所得的当前信息，对一个有限时域的开环优化问题进行求解，并将得到的控制序列的第一个元素作用于被控对象；在下一个采样时刻，重复刷新、优化过程并重新求解。与传统控制方式的区别在于：模型预测控制是在线求解，并不断更新控制变量；传统控制方式通常是离线求出一个最优控制律，将得到的这个最优控制律一直作用于系统。

空调系统用状态空间的表达式见式 6.4。

$$x(k+1) = Ax(k) + Bu(k) + B_d d(k)$$
$$y_c(k) = C_c x(k) \tag{6.4}$$

式中，$x(k) \in R^{n_x}$，为状态变量；$u(k) \in R^{n_u}$，为控制输入变量；$y_c(k) \in R^{n_c}$，为被控输出变量；$d(k) \in R^{n_d}$，为可以测量的外部干扰变量。

该状态空间模型与连续时间模型之间的转换关系见式 6.5—式 6.7。

$$A = e^{A_c T_s} \tag{6.5}$$

$$B_u = \int_0^{T_s} e^{A_c \tau} d\tau \cdot B_{cu} \tag{6.6}$$

$$B_d = \int_0^{T_s} e^{A_c \tau} d\tau \cdot B_{cd} \tag{6.7}$$

式中，$T_s$ 为系统的采样时间。

由于系统的全部变量都是可以测量的变量，因此，可以将以上模型改写为增量模型，见式 6.8—式 6.11。

$$\Delta x(k+1) = A\Delta x(k) + B_u \Delta u(k) + B_d \Delta d(k)$$
$$y_c(k) = C_c \Delta x(k) + y_c(k-1) \tag{6.8}$$

其中

$$\Delta\boldsymbol{x}(k)=\boldsymbol{x}(k)-\boldsymbol{x}(k-1) \tag{6.9}$$

$$\Delta\boldsymbol{u}(k)=\boldsymbol{u}(k)-\boldsymbol{u}(k-1) \tag{6.10}$$

$$\Delta\boldsymbol{d}(k)=\boldsymbol{d}(k)-\boldsymbol{d}(k-1) \tag{6.11}$$

根据模型预测控制的基本原理，应以最新的测量值为初始条件，通过建立的模型预测整体系统未来的动态，需要设定预测时域 $p$ 和控制时域 $m$，且满足 $m{\leqslant}p$。因此，需要有两种假设：①控制时域之外的控制量不变，即 $\Delta\boldsymbol{u}(k+i)=0$，$i=m$，$m+1$，$\cdots$，$p-1$；②可以测量的外部干扰变量在 $k$ 时刻之后不变，即 $\Delta\boldsymbol{d}(k+i)=0$，$i=1$，$2$，$\cdots$，$p-1$，其关系见式(6.12)。

$$\Delta\boldsymbol{x}(k+m|k)=\boldsymbol{A}\Delta\boldsymbol{x}(k+m-1|k)+\boldsymbol{B}_{\mathrm{u}}\Delta\boldsymbol{u}(k+m-1)+\boldsymbol{B}_{\mathrm{d}}\Delta\boldsymbol{d}(k+m-1) \tag{6.12}$$

对于当前时刻 $k$，状态变量的测量值为 $\boldsymbol{x}(k)$，则可以计算出 $\Delta\boldsymbol{x}(k)=\boldsymbol{x}(k)-\boldsymbol{x}(k-1)$，并以此作为预测整体系统未来动态的起点，预测 $k+m$ 时刻至 $k+p$ 时刻的状态变量值。

对于系统的预测模型，可以将其预测控制的优化问题描述为算法控制增量，使最优化准则（公式）的值最小，即使系统在未来 $n(p{\geqslant}n{\geqslant}m)$ 时刻的输出值尽可能地接近期望值，一般为计算简便，取控制加权系数 $\lambda(j)=\lambda$，见式(6.13)。

$$\boldsymbol{J}=\sum_{j=1}^{n}[\boldsymbol{y}(k+i)-\boldsymbol{w}(k+i)]^2+\sum_{j=1}^{m}\lambda(j)[\Delta\boldsymbol{u}(k+i-1)]^2 \tag{6.13}$$

由于系统为多输入、多输出系统，令 $\boldsymbol{W}=[\boldsymbol{w}(k+1)，\boldsymbol{w}(k+2)，\cdots，\boldsymbol{w}(k+n)]$，$\boldsymbol{w}(k+i)$ 为期望输出的序列值，在预测控制算法中可

以起到提高系统鲁棒性的作用。则模型预测控制优化问题可表示为式(6.14)。

$$J = (Y - W)^{\mathrm{T}}(Y - W) + \lambda \Delta U^{\mathrm{T}} \Delta U \qquad (6.14)$$

模型预测控制在控制时域实施了 $\Delta u(k)$ 之后，将继续在线采集 $k+1$ 时刻的输出数据，进行新一轮的预测、校正与优化，这就是模型预测控制的滚动优化环节。滚动优化环节可以避免在等待 $m$ 时刻控制输入完毕的时间内，有外部干扰变量造成系统失控情况的发生。因此，模型预测控制的优化是不断反复在线进行的，其优化目标随时间推移而改变，这就是模型预测控制的"滚动优化、重复进行"原则。

## 6.5.2  控制对象建模

变风量空调系统的控制需要考虑多个变量之间的复杂耦合作用，建立的数学模型难以保证其物理性质；同时由于变风量空调系统的结构、参数、运行环境等存在不确定性，往往难以在其运行过程中保证控制参数的最优。模型预测控制的"滚动优化、重复进行"原则可以对系统不断进行在线控制和更新，通过实测的反馈信息校正系统控制，增强了系统的鲁棒性，减少了不确定性因素的影响，尤其是在主要的不确定因素可测量的情况下，更加能够加强模型预测控制的效果。因此，建立变风量空调系统时，根据其工作机理和选定的输入、输出变量的相应情况，确定相应的模型与约束后，即可建立相应的控制模型。

一般来说，模型分为白盒模型、黑盒模型和灰盒模型。在工业生产中，由于系统的模型较清晰，早期设计预测控制的模型一般选择白盒模型。白盒模型需要先了解系统的物理特性，再使用设计者提供的参数对系统动力学进行建模。与黑盒模型相比,白盒模型具有良好的泛化能力,但准确性较差。黑盒模型是通过测量系统输入数据和输出数据并用数学函数拟合数据而开发的。黑盒模型的开发不需要了解系统的物理特性,具有较高的准确性,但泛化能力差。以物理特性的白盒模型为基础,使用数学函数和实测数据来估计模型参数的灰盒模型在良好的泛化能力和高精度之间取得了平衡。

本节针对建筑空调系统节能控制进行研究,通过模型预测控制方法调节送风量与送风温度,以保证达到舒适和节能的目标。模型预测控制方法需要建立被控系统动态行为的预测模型,该模型的作用是预测被控系统的未来动态,即根据被控系统的当前信息和未来的控制输入,预测被控系统的未来输出。采用基于模型预测控制方法的具体步骤如下:首先通过 EnergyPlus 对建筑模型进行能耗模拟,得到了空调系统的大量仿真数据;然后以这些仿真数据为基础,采用系统辨识的方法建立的被控系统的预测模型。由于该预测模型是对建筑模型空调系统大量的输出数据进行辨识,获得被控系统的状态空间表达式,因此该预测模型属于黑盒模型。

本节在进行模型预测控制时,首先对变风量空调系统各种工况进行了仿真模拟。EnergyPlus 支持输出大量不同类型的变量,修改对象 Output:Variable 和 Output:Meter 可以定义需要输出的变量。对建筑变风量空调系统能耗和空间舒适性影响较大的变量进行定义。定义的主要变量见表 6-4。

表 6-4　定义的主要变量

| | 变量 | 变量描述 | 变量类型 |
|---|---|---|---|
| A | Site Outdoor Air Drybulb Temperature | 室外温度/℃ | Output:Variable |
| B | People Total Heating Energy | 人员热负荷/kJ | Output:Variable |

续表

| | 变量 | 变量描述 | 变量类型 |
|---|---|---|---|
| C | Air System Mixed Air Mass Flow Rate | 送风量/(kg/s) | Output：Variable |
| D | Plant Supply Side Inlet Temperature | 水环路入口温度/℃ | Output：Variable |
| E | Zone Air Temperature | 室内温度/℃ | Output：Variable |
| F | Zone Thermal Comfort Fanger Model PMV | PMV 值 | Output：Variable |
| G | Electricity：HVAC | 空调系统能耗/kJ | Output：Meter |

配置输出变量后运行 EnergyPlus，输出变量在 EP‐Lanch 的 Variable 模块查看写入变量数据的 csv 文件内容。将 csv 文件内容的数据进行处理：对变量进行定义、命名、选取，并找到重要的相关变量。利用 Excel 中的统计函数 CORREL 计算相关系数，相关系数计算结果见表 6‐5。

表 6‐5　相关系数计算结果

| 变量 | A | B | C | D | E | F |
|---|---|---|---|---|---|---|
| C | 0.348892 | 0.503494 | | 0.328824 | 0.222181 | 0.292190 |
| D | 0.686911 | −0.200120 | 0.328824 | | 0.679557 | 0.490964 |
| E | 0.306810 | −0.025510 | 0.222181 | 0.679557 | | 0.871137 |
| F | 0.060099 | 0.174281 | 0.292190 | 0.490964 | 0.871137 | |
| G | 0.341809 | 0.435315 | 0.959200 | 0.343460 | 0.235625 | 0.290235 |

以 0.300000 为界限对相关性进行分析，发现了如下规律。

（1）由于 $A$、$B$ 变量为客观变量，不受整体系统的影响，因此，不考虑其他变量对 $A$、$B$ 变量的影响。

（2）$C$ 变量受 $A$、$B$ 变量的影响较大，尤其是 $B$ 变量的影响更大；$C$ 变量与 $D$ 变量也有一定的相关性。

（3）$D$ 变量受 $A$ 变量影响最大，但受 $B$ 变量影响较小，相关系数为负，这是因为当 $B$ 变量增加时会使制冷负荷上升。

（4）$E$ 变量受 $C$ 变量的影响较小，受 $D$ 变量的影响最大。因此，可得出室内温度主要受冷冻水进水温度的控制。

（5）$F$ 变量同样受 $D$ 变量的影响较大，由于 PMV 值包含室内空气质量的参数，所以会受送风量控制；PMV 值主要考虑的是室内温度，与 $E$ 变量的相关度非常高。

（6）$G$ 变量受 $A$、$B$、$C$、$D$ 变量的影响，但受 $C$ 变量的影响最大。

经分析，将 $A$、$B$ 变量定义为客观变量，$C$、$D$ 变量定义为控制变量，$F$、$G$ 变量定义为输出变量。在系统辨识阶段，将 $A$、$B$、$C$、$D$ 变量作为输入变量，$F$、$G$ 变量作为输出变量进行。在模型预测控制的设计阶段，选取送风量 $u_1$、水环路入口温度 $u_2$ 为控制变量；室外温度 $d_1$ 和人员热负荷 $d_2$ 为可测量外部干扰变量；空调系统 $y_1$ 和 PMV 值 $y_2$ 作为输出变量。

用 Matlab 的系统辨识工具箱对带负荷的空调系统模型进行辨识，需要选择系统的估计方法。一般来说，状态空间模型的估计方法在子空间估计方法、最小误差法、规则归约算法之间进行选择。考虑到系统辨识需要涵盖较多响应的情况，且需要保证辨识的精度，选择空调系统工作时间内的 1500 小时作为辨识数据集。为保证辨识精度，需选择状态空间模型的阶数。其中 2～5 阶系统与 EnergyPlus 的 PMV 值和空调系统能耗拟合结果分别如图 6.2、图 6.3 所示。

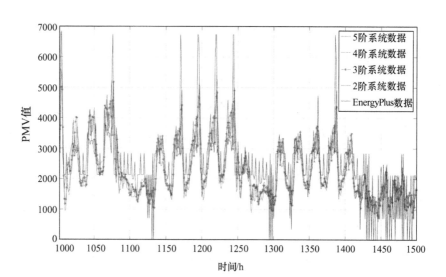

图 6.2  2～5 阶系统与 EnergyPlus 的 PMV 值拟合结果

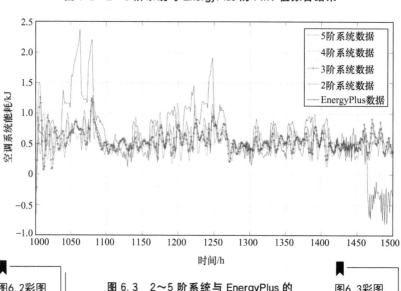

图 6.3  2～5 阶系统与 EnergyPlus 的
空调系统能耗拟合结果

图6.2彩图

图6.3彩图

图 6.4 和图 6.5 中带 * 号的线代表 3 阶系统的 PMV 值和空调系统能耗拟合结果，黑色实线代表 EnergyPlus 数据的参考曲线，其他三种颜色的实线分别代表 2 阶、4 阶、5 阶系统的 PMV 值和空调系统能耗拟合结果。根据拟合精度选择了 3 阶系统作为预测控制的模型，空调系统能耗与 PMV 值的拟合均方差分别为 $8.4980 \times 10^5$ 和 $0.4752$，PMV 值的拟合情况较好，空调系统能耗的拟合情况较差，考虑到数量级不同，尚且在可接受范围内。模型辨识结果如下。

$$A = \begin{bmatrix} 0.5007 & -0.3571 & 0.3502 \\ 0.6243 & 0.7729 & 0.1669 \\ 0.2434 & -0.2940 & 0.5314 \end{bmatrix}$$

$$B = \begin{bmatrix} 0.0035 & 6.1549\,e^{-6} & 0.1120 & 0.0135 \\ -5.7543\,e^{-4} & -4.4784\,e^{-6} & -0.1172 & -0.0323 \\ -0.0017 & -6.7237\,e^{-6} & -0.2163 & -0.0167 \end{bmatrix}$$

$$C = \begin{bmatrix} 1.0822\,e^3 & -2.2144\,e^3 & -2.8910\,e^3 \\ 1.5939 & 0.3181 & 1.2852 \end{bmatrix}$$

## 6.5.3　基于模型预测控制的空调系统控制

根据空调系统的辨识模型建立模型预测控制器，使用 Matlab 的 Simulink 功能对模型预测控制器的控制仿真，以此验证基于模型预测控制方法的控制效果。空调系统是多输入、多输出系统，利用上节的系统辨识模型，即利用系统辨识工具箱输出的 idss 模型，用于模型预测控制器的设计。

1. 模型预测控制器设计

神经网络系统辨识模型构建被控对象后，在此基础上进行模型预测控制器的设计。对已有的神经网络模型进行子系统的封装，作为模型预测控制器设计的被控对象。设计模型预测控制算法的步骤如下。

① 初始化：设定预测时域 $p$ 和控制时域 $m$。

② 根据选定的变量数值设定初始值：$u_1(-1)=0$，$\Delta u_1(-1)=0$，$u_2(-1)=7.22$，$\Delta u_2(-1)=0$，$d_1(-1)=3$，$\Delta d_1(-1)=0$，$d_2(-1)=3$，$\Delta d_2(-1)=0$，$y_1(-1)=0$，$\Delta y_1(-1)=0$，$y_2(-1)=0$，$\Delta y_2(-1)=0$。

③ 当 $k \geqslant 0$ 时，得到测量值 $y_k$ 与 $d_k$，估计状态观测器，输出 $\Delta \hat{y}(k)$ 和 $\hat{y}_c(k)$。

④ 计算误差 $E_p(k+1 \mid k)$。

⑤ 计算控制变量的变化量 $\Delta u_k$。

⑥ 将控制变量 $u_k = u_{(k-1)} + \Delta u_k$ 作用于被控系统。

⑦ 令 $k = k+1$，返回步骤③。

在 Simulink 中，系统提供了封装好的模型预测控制模块。通过将被控对象、外部干扰变量与控制器连接后，模型预测控制模块将按以上步骤对模型预测控制器进行定义与设计。模型预测控制器的控制框图如图 6.4 所示，使用参考系统，即 EnergyPlus，建立建筑空间模型的数据，将辨识出的状态空间模型作为被控对象，建立预测模型。调节部分接收的信号为预测向量 $f$，计算出 $k$ 时刻未知向量 $\Delta u_k$，输入到预测模型后得到 $k$ 时刻输出的控制变量 $u_k$，从而对辨识对象进行控制。

将辨识出的状态空间系统作为预测模型，给定输入、输出约束。选取室外温度和人员热负荷作为可测量的干扰变量，空调系统送风量和送风温度作为控制变量，空调系统总能耗与 PMV 值作为输出变量，对模型预测控制器进行设计，控制变量与干扰变量的约束条件见表 6-6，多次调整控制权重和输出权重，以保证对参考输入和参考输出的跟随。

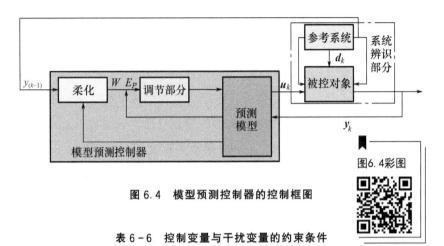

图 6.4　模型预测控制器的控制框图

图6.4彩图

表 6-6　控制变量与干扰变量的约束条件

| 约束条件 | 控制变量 | | 干扰变量 | |
|---|---|---|---|---|
| | $u_1/(\mathrm{kg/s})$ | $u_2/℃$ | $d_1/℃$ | $d_2/\mathrm{kJ}$ |
| 最小值 | 0 | 7 | $-3$ | 0 |
| 最大值 | 2.6 | 13 | 25 | 30000 |

　　调整控制权重可以补偿控制变量与其目标值之间的偏差，可以使控制变量更加接近于目标值。同样，对于每个可测量的输出和不可测量的输出，可以指定非负标量权重，即输出权重，以补偿输出值与其参考信号的偏差。在外部干扰不变的情况下，对闭环性能进行调整，可使系统对参考信号实现无静差跟踪。

### 2. 仿真环境搭建

　　将上文中使用系统辨识方法得到的状态空间模型输出到 Simulink 中，并封装为子系统模块，加入延时作为被控对象，子系统模块如图 6.5 所示，由输入、延时、状态空间模型和输出组成。

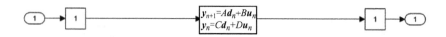

$$y_{n+1}=Ad_n+Bu_n$$
$$y_n=Cd_n+Du_n$$

图 6.5　子系统模块

设计好模型预测控制器后，进行模型预测控制框架的构建，搭建仿真环境。按照模型预测控制器的控制框图，构建的 Simulink 框图如图 6.6 所示，MPC Controller 模块为模型预测控制器，Plant 与 Plant1 为被控对象模块即状态空间模型，工作空间输入的 Energy-Plus 数据模块，包括参考输出 $y_1$ 和 $y_2$、噪声输入环境温度 $d_1$ 和人员热负荷 $d_2$、输入变量送风量 $u_1$ 与送风温度 $u_2$。

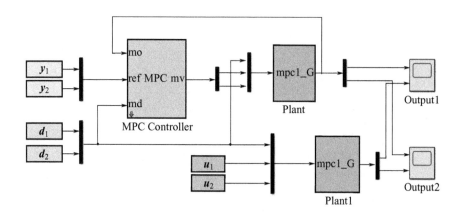

图 6.6　Simulink 框图

## 3. 仿真结果分析

本节给出所设计的模型预测控制仿真结果，并进行分析。选取 EnergyPlus 输出的 1000 小时室外温度与人员热负荷作为可测量的干扰输入，空调系统能耗与 PMV 值作为参考输出，运行 Simulink。

模型预测控制 PMV 值的仿真结果与空调系统能耗的仿真结果分别如图 6.7 和图 6.8 所示，其中实线为选择时间段的参考输出，即 EnergyPlus模型输出；虚线为辨识状态空间模型输出；带 * 线为模型预测控制输出。

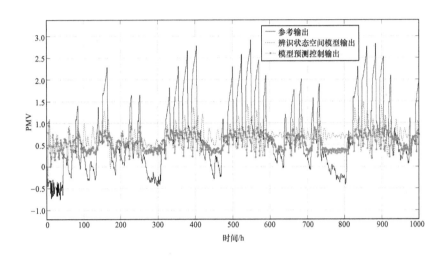

**图 6.7　模型预测控制 PMV 值的仿真结果**

从图 6.7 和图 6.8 的仿真结果可以看出，采用模型预测控制方法对提升空调系统的控制性能有明显的效果，主要表现在两个方面。①整体空调系统能耗跟随情况较好，趋势与参考输出情况基本一致，一段时间内空调系统能耗较少，说明模型预测控制方法对于空调系统能耗情况有一定幅度的改善。②整体来看，PMV 跟随情况也较好，且在控制时间内，PMV 数据的变化幅度较小、很少出现极端数据，这说明模型预测控制方法的控制效果好于 EnergyPlus 能耗模拟的空调系统控制方式。

图6.7彩图

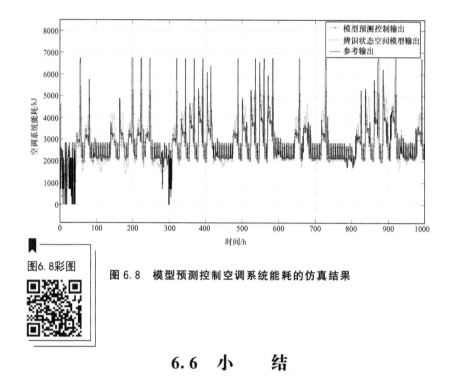

图 6.8  模型预测控制空调系统能耗的仿真结果

# 6.6  小    结

本章首先回顾了国内外建筑节能政策，然后在第 5 章建筑能耗模拟的基础上，使用系统辨识方法，建立了空调系统模型预测控制器。最后搭建了仿真环境，对空调系统进行了基于模型预测控制方法的控制仿真，仿真结果表明该方法能综合考虑 HVAC 的能耗与热舒适性两大因素，可以保证室内环境达到较舒适的目标下，同时取得较好的节能效果。

# 第 7 章

## 建筑能源管理
## 系统设计

# 7.1 建筑能源管理系统架构

建筑能源管理系统是建筑智能化系统的关键组成部分。建筑能源管理系统是根据建筑能耗分类计量设计和分项能耗采集技术,将建筑设备实时能耗采集到计算机,运用统计分析、数据挖掘、预测、决策及优化等方法,对建筑的能源构成、能耗内在联系及其发展变化规律、能源利用效率进行分析、判断和评价,找出建筑能耗和其影响因素间的内在规律,发现节能机会,改善设备管理,为节能提供控制策略,实现建筑节能目标。

## 7.1.1 建筑能源管理系统总体架构

建筑能源管理系统主要由能耗计量和电气设备能耗两部分组成,在此基础上开发建筑能源管理云服务平台,支持各设备底层通信集成管理,形成多系统"一线、一库、一平台"。建筑能源管理系统总体架构如图 7.1 所示。

"一线"指多系统尽量采用同一总线通信,从而简化设计、节省耗材、减少施工强度;"一库"指多系统指同一数据库,实现数据共享无障碍;"一平台"指多系统运行在同一软件平台,实现全网统一管理与控制,使用户可以足不出户享受远程运维服务,支持在计算机、平板电脑和智能手机上了解建筑设备运行情况、远程操控设备启停、监测机电设备和照明设备的能耗,保障安全运营、提升效率、降低能耗。

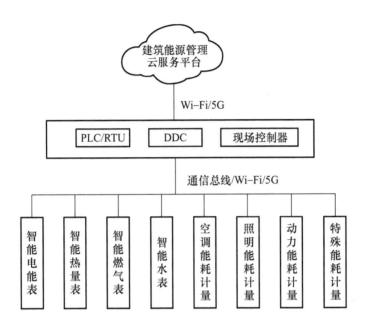

**图 7.1　建筑能源管理系统总体架构**

以现代分布式、虚拟化等云计算技术为架构，建立 SaaS 软件即服务、物联网建筑平台服务模式的云计算服务和控制优化层，实现能源系统"监测、控制、执行和反馈"的大闭环逻辑，建筑能源管理云服务平台的功能分为三层，具体如下。

（1）数据源层。

数据源层实现对建筑或建筑群中能源相关信息的采集、分析、统计、处理及反馈、优化与自适应控制，以及能源数据流和物质流的统计、报表、分析和指标体系对比，包含能源供给来源、区域能源状况、能源物流状况等。

（2）实时数据服务层。

实时数据服务层在实现基础功能的基础上，关联各类用能设备的运行状况、故障报警信号的实时数据，匹配后台专业策略，进行建筑和区域的可视化能耗仿真，对区域能源实现再分配，对用能设备和系统实现工艺、逻辑和过程的自适应控制和优化，从而实现大范围区域内节能优化方案的互联网方式推介，为大范围建筑节能的可持续改进提供强有力的数据支撑。

（3）应用层。

应用层着眼于为未来的智慧化建筑提供支撑，通过基于"云计算"和"物联网"技术平台，提供节能控制优化技术的按需配置、标准化和模块化的下载服务，实现设备、设施的优化控制和自适应学习功能，在建筑和建筑群节能的基础上，实现更高层面的智慧化建筑节能。

## 7.1.2　建筑能耗分类分项计量

建筑能耗分类分项计量有利于科学地、规范地建设国家机关办公建筑和大型公共建筑能耗监测系统，达到统一能耗数据的分类、分项及编码规则，实现分项能耗数据的实时采集、准确传输、科学处理、有效存储。

分类能耗是指根据建筑消耗的主要能源种类，如电、燃气、水等，进行采集和整理的能耗数据。

分项能耗是指根据建筑消耗的各类能源的主要用途，如空调用电、动力用电、照明用电等，进行采集和整理的能耗数据。

分类能耗数据采集指标包括 6 项：①电量；②水耗量；③燃气量（天然气量或煤气量）；④集中供热耗热量；⑤集中供冷耗冷量；⑥其他能源用量，如集中热水、煤、油、可再生能源用量等。

分类能耗中，电量应分为 4 项，包括照明插座用电、空调用电、动力用电和特殊用电。各分项可根据建筑用能系统的实际情况,细分为一级子项和二级子项。其他分类能耗不应分项。

(1) 照明插座用电。

照明插座用电是指建筑主要功能区域的照明插座等室内设备用电的统称。照明插座用电包括照明和插座用电、走廊和应急照明用电、室外景观照明用电。照明和插座用电是指建筑主要功能区域的照明灯具用电、从插座取电的室内设备(如计算机等办公设备)用电;若空调系统末端用电不可单独计量,空调系统末端用电包括全空气机组、新风机组、空调区域的排风机组、风机盘管和分体式空调器等应计算在照明和插座用电中。走廊和应急照明用电是指建筑公共区域灯具(如走廊等的公共照明设备)用电。室外景观照明用电是指建筑外立面装饰用的灯具用电及室外园林景观照明的灯具用电。

(2) 空调用电。

空调用电是为建筑提供制冷、采暖服务的设备用电的统称。空调用电包括冷/热站用电、空调末端用电。冷/热站用电是空调系统中制备、输配冷/热量的设备用电,冷/热站系统主要包括冷水机组、冷冻泵(一次冷冻泵、二次冷冻泵、冷冻水加压泵等)、冷却泵、冷却塔风机和冬季采暖循环泵(采暖系统中输配热量的水泵;对于采用外部热源、通过板换供热的建筑,仅包括板换二次泵;对于采用自备锅炉的,包括一、二次泵)。空调末端用电是指可单独测量的所有空调系统末端的用电。空调末端包括全空气机组、新风机组、空调区域的排风机组、风机盘管和分体式空调器等。

(3) 动力用电。

动力用电是集中提供各种动力服务(包括电梯、非空调区域通风、生活热水、自来水加压、排污等)的设备(不包括空调/采暖系统设备)用电的统称。动力用电包括电梯用电、水泵用电、通风机用电。电梯是指建筑中的所有电梯（包括货梯、客梯、消防梯、扶梯等）及其附属的机房专用空调等设备。水泵是指除空调/采暖系统和消防系统以外的所有水泵，包括自来水加压泵、生活热水泵、排污泵、中水泵等。通风机是指除空调/采暖系统和消防系统以外的所有风机，如车库通风机、厕所排风机等。

（4）特殊用电。

特殊用电是指不属于建筑常规功能的用电设备的耗电量，特殊用电的特点是能耗密度高、占总电耗比重大的用电区域及设备的用电。特殊用电包括信息中心、洗衣房、厨房餐厅、游泳池、健身房等的用电。

## 7.2 能源监测硬件模块开发

### 7.2.1 电能监测模块硬件配置

电能监测模块（图 7.2）采用 ESPDuino 作为控制核心，其无线网络配置与前文提及的环境监测模块、照明控制模块等的操作类似。电能监测模块集成了 JSY－MK－163 单相交流互感式计量传感器，可采集单相交流电的电压、电流、功率、功率因数、频率、用电量和与用电量相对应的二氧化碳排放量。

电能监测模块内的 Wi－Fi 模块通过串口 UART 向单相交流互感式计量传感器发送指令码。传感器模块接收并解析指令，再将数据传回 Wi－Fi 模块，Wi－Fi 模块对传感器发回的数据进行处理转换并排序，其关键代码如下。

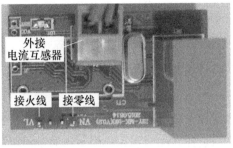

图7.2 电能监测模块

图7.2彩图

DATA.voltage=((p[3]<<8)|p[4])/100.00;

//获取电压值

DATA.electric_current=((p[5]<<8)|p[6])/100.00;

//获取电流值

DATA.power=((p[7]<<8)|p[8]);

//获取功率值

DATA.energy=((p[11]<<8)|p[12])/3200.00;

//获取消耗电量值

DATA.power_factor=((p[13]<<8)|p[14])/1000.00;

//获取功率系数值

DATA.CO2=((p[17]<<8)|p[18])/1000.00;

//获取二氧化碳排放量

DATA.Hz=((p[21]<<8)|p[22])/100.00;

//获取频率值

## 7.2.2 能源管理系统控制器硬件设计

BCX－H1216控制器（图7.3）可用于任何类型的开关负载，回路供电采用"馈电通过"(多进多出)方式设计(模块本身只提供继电器开关切换控制,负载供电直接由各路馈电提供)。其电器性能相当于一个 12 极的接触器,每一极接触器都可以通过 BACnet 或者 Modbus 现场总线网络进行单独控制。该控制器的安装采用 DIN 导轨式,可安装在开关板上,通过短路器馈电到需要控制的回路。

BCX-H1216 控制器的主要特点为:①机载实时时钟。具备自动日期校正和闰年自动调整功能;②多功能入口。用于连接按钮、开关或传感器;③独立运行能力和网络运行能力;④即使控制器与网络断开,时间表功能也能正常运行;⑤具有双通信接口,含有 BACnet 和 Modbus 协议;⑥具有手动开关,可以方便现场进行手动操作。

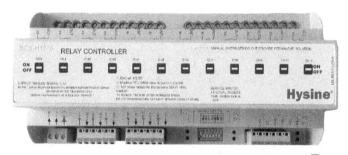

图 7.3　BCX-H1216 控制器

图7.3彩图

### 7.2.3　能源管理系统网关设备设计

能源管理系统网关设备型号主要是 BG-Modbus,其作用是将现场的终端设备连接到能源管理系统,可以通过以太网进行数据传输,其包含四个可设置协议的通信口,默认协议类型为 Modbus 协议。

BG-Modbus 网关设备支持连接 1 条 BACnet MS/TP 总线

（EIA – 485 通信），支持连接 Modbus 设备（EIA – 485 或 EIA – 232）。一个BG – Modbus网关设备等同于一个已接入到 MS/TP 网的控制器，通过标准的传输协议，能源管理系统的任何设备都能自由访问 BG – Modbus 网关设备，这使得终端设备可以很方便地接入到能源管理系统。

BG – Modbus 网关设备的优点为：①可操作性好。能源管理系统网关控制器支持 Modbus 通信、支持 MS/TP 通信接入到能源管理系统；②处理能力强。支持 100 个模拟变量和 100 个二进制变量数据通过 Modbus 设备连接到能源管理系统；③可靠性高。4 层印制板整体滤波，全部程序数据在 Flash 中备份；④简单经济。低成本将现场 Modbus 设备集成到能源管理系统。

BG – Modbus 网关可以连接 10 个 Modbus 设备，可以任意读写 Modbus 设备的数据，实现多个 Modbus 设备集成到能源管理系统。支持编程工具 ViewLogic，提供编程图库、功能块和标准程序库文件。

## 7.2.4　能源计量设备配置

（1）入口一参数设置。

进入能源管理系统初始界面，按"OK"键进入下一页面。将 PA55 下面的 0000 全部改为 1111，按"OK"键进入参数设置模式。入口一参数设置界面如图 7.4 所示。PA55 的设置步骤：①按一下方向键，第一位数加 1；按多下则数字依次从 0～9 切换；若持续按住不放开，数字会从 0～9 快速切换。②按下"OK"键确认该位数值并准备下一位数值设置。③重复步骤①、②直到最后一位数字被设置并确认。

图7.4彩图

图 7.4　入口一参数设置界面

（2）入口一地址设置。

设置好入口一参数之后，按"OK"键进入图 7.5 所示的入口一的 Modbus 地址设置界面，只有将该地址设置为 0053，才可正常通信。

图7.5彩图

图 7.5　入口一的 Modbus 地址设置界面

（3）入口一部分参数设置。

表 7-1 为入口一部分参数设置一览表，其他参数保持默认即可。

表7-1　入口一部分参数设置一览表

| 项目 | 描述 | 功能 | 说明 | 地址 |
|------|------|------|------|------|
| PT | PT | 电压变化 | 例：100(10kV/100V) | 0001 |
| CT | CT | 电流变化 | 例：60(300A/5A) | 0001 |
| BAUD | BAUD | 波特率 | 0-2400，1-4800，2-9600，3-19200，4-38400，5-57600 | 0003 |
| dt | | | | 0005 |
| Led | | | | 000 |
| Font | | | | 000 |
| dot | | | | 000 |
| A0-1 | A0-1 | 变送1 | 输出模拟量代码 | 0135 |
| A0-2 | A0-2 | 变送2 | 输出模拟量代码 | 0136 |
| A0-3 | A0-3 | 变送3 | 输出模拟量代码 | 0137 |
| A0-4 | A0-4 | 变送4 | 输出模拟量代码 | 0000 |
| Iup | Iup | 电流高值 | 电流模拟量输出高值对应值 | 6000 |
| Uup | Uup | 相电压高值 | 相电压模拟量输出高值对应值 | 2640 |
| Uuup | Uuup | 线电压高值 | 线电压模拟量输出高值对应值 | 4572 |
| Pup | Pup | 功率高值 | 功率模拟量输出高值对应值 | 3960 |

（4）入口二参数设置。

进入能源管理系统初始界面，单击"OK"键进入下一页面。将PA55下面的0000改为0001，单击"OK"键进入入口二参数设置模式。入口二参数设置界面如图7.6所示。

（5）入口二地址设置。

设置好参数之后，单击"OK"键进入图7.7所示的入口二地址设置界面。bAdd为无线ID号，即无线层面上的地址；若需连接多块电表，则可用地址将其分开；bFC 为通信频率，若设置为 0001，则此时通信频率为 402＋1＝403，依此类推；其他参数保持默认即可。

图7.6彩图

图7.7彩图

图 7.6　入口二参数设置界面　　图 7.7　入口二地址设置界面

## 7.3　建筑能耗管理系统数据库设计

为保证能耗数据的实时性和准确性，建筑能耗管理系统需要对能耗数据进行实时采集、传输、处理、分析和诊断。一些实时性要求高的建筑设备运行数据需要进行实时采集、存储，这就需要系统配置实时数据的缓存机制。然后从实时数据缓存里将相应的数据转存至关系数据库。

建筑能耗管理系统实时数据模型包括电能计量数据模型（表 7 - 2）、控制模块数据模型（表 7 - 3）、水耗计量数据模型（如表 7 - 4）、燃气计量数据模型（如表 7 - 5）和集中供热计量数据模型（如表 7 - 6）。

表7-2 电能计量数据模型

| 名称 | 类型 | 注释 |
| --- | --- | --- |
| cmd | varchar(11) | 数据类型 |
| device _ id | int(11) | 传感器 ID |
| device _ name | int(11) | 传感器类型 |
| smart | float | 电压 |
| current | float | 电流 |
| power | float | 功率 |
| factor | float | 功率因数 |
| emission | float | 二氧化碳排放量 |
| uid | varchar(50) | 账号 |
| key | varchar(50) | 密码 |

表7-3 控制模块数据模型

| 名称 | 类型 | 注释 |
| --- | --- | --- |
| cmd | varchar(11) | 设备状态 |
| device _ id | int(11) | 执行器 ID |
| uid | varchar(50) | 账号 |
| key | varchar(50) | 密码 |

表7-4 水耗计量数据模型

| 名称 | 类型 | 注释 |
| --- | --- | --- |
| cmd | varchar(11) | 数据类型 |
| device _ id | int(11) | 设备 ID |
| stere | float | 水耗量 |
| uid | varchar(50) | 账号 |
| key | varchar(50) | 密码 |

表7-5 燃气计量数据模型

| 名称 | 类型 | 注释 |
|---|---|---|
| cmd | varchar(11) | 数据类型 |
| device _ id | int(11) | 传感器 ID |
| device _ name | int(11) | 传感器类型 |
| stere | float | 燃气量 |
| uid | varchar(50) | 账号 |
| key | varchar(50) | 密码 |

表7-6 集中供热计量数据模型

| 名称 | 类型 | 注释 |
|---|---|---|
| cmd | varchar(11) | 数据类型 |
| device _ id | int(11) | 传感器 ID |
| device _ name | int(11) | 传感器类型 |
| stere | float | 供热温度 |
| time | float | 供热时间 |
| uid | varchar(50) | 账号 |
| key | varchar(50) | 密码 |

## 7.4 建筑能源管理系统软件开发

### 7.4.1 建筑能源管理系统主界面开发

建筑能耗数据与设备数据是建筑节能的基础。只有收集了详尽的数据，才能有效地对建筑能效进行全面的分析。建筑能源管理系统包含水、电、气、热等各类能源计量。建筑能源管理系统主界面（图7.8）开发包括能耗概况、分项能耗和汇总分析等。能耗概况界面主要为当前建筑的基本信息、建筑分类能耗、建筑系统分项能耗和建筑设备能耗、统计分析图表报告、能效分析（历史能耗、同比能耗、环比能耗等）。各类能耗数据统计需获取关系数据库信息表中的相关数据。界面加载时，可使用 SQL 语句在相应数据表中查询数据；通过 Highcharts 图表框架将数据在界面上进行显示，在界面开发时通过设置框架属性，可设定图表背景颜色、主表区背景颜色、边框颜色、边框宽度图形阴影等；能耗历史趋势曲线支持多纵轴、多曲线展示，能为不同的曲线设置不同的纵轴。建筑能源管理系统主界面开发的关键代码如下。

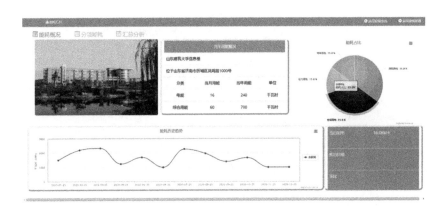

图 7.8　建筑能源管理系统主界面

图7.8彩图

```
<script>
var chart＝new Highcharts. Chart('tu2',{
    chart:{
        renderTo:'container1',
```

```
        type:'spline',
            //图表类型 line/spline/column/pie/area/more
        /**********以下 chart 配置可选**********/
        /* backgroundColor:"#ffffff",//图表背景色*/
        /* plotBackgroundColor:"#6DBFBB",*
                                    ///主图表区背景颜色
    plotBorderColor:'#C0C0C0',        //主图表边框颜色
    plotBorderWidth:3,                //主图表边框宽度
    shadow:false,                     //是否设置阴影
    zoomType:'xy'
            //拖动鼠标放大图表的方向
},
title:{text:'能耗历史趋势',x:-20},
xAxis:{categories:[<?
    $sql="SELECT * FROM'energy_copy1'WHERE time_
    id='1' group by TIME";
    $ret=send_execute_sql($sql,$res,0);
    foreach($res as $row){$time=$row['time'];echo"'".
    $time."',";}? >]},
yAxis:{title:{text:'千瓦时(kWh)'},
    plotLines:[{value:2,width:1,color:'#000000'}],
    tickAmount:4},                    //y 轴区间划分
tooltip:{valueSuffix:'kWh'},
legend:{layout:'vertical',align:'right',verticalAlign:'mid-
dle',borderWidth:0.5},
series:[{name:'总能耗',ata:[<?$sql="SELECT * FROM
'energy_copy1' WHERE time_id='1' group by TIME";
 $ret=send_execute_sql($sql,$res,0);
```

```
foreach( $ res as  $ row){ $ energy= $ row['energy'];
echo  $ energy. ",";}?>],color:'#800000'}]});
</script>
```

## 7.4.2　电量分项计量界面开发

电量分项计量界面包括照明插座用电、空调用电、动力用电和特殊用电，共 4 个分项。

照明用电计量是以建筑、楼层和用途为基准进行分项计量，包括室内照明、公共区域照明和景观照明，统一进行分项计量；插座用电计量是以建筑、楼层为基准进行分项计量。空调用电计量包括冷热站用电、空调末端用电，分别分项计量。动力用电计量是集中提供各种动力服务的设备用电的计量，包括电梯用电、水泵用电、通风机用电，分别分项计量。特殊用电计量是指不属于建筑常规功能的用电设备的耗电量。

电量分项计量界面如图 7.9 所示，通过对以上各项用电规律进行分析，可为用电异常监测提供基础数据，可实现多种方式的灵活监测，可及时提醒工作时间的用电异常检测数据和非工作时间的用电异常检测数据。与同类建筑的用电进行对比，分析模拟建筑的能耗指标。

通过电量分项计量界面中的数据展示，对比同一用电单位不同时间段的用电情况，可以清楚地看到实施节能措施后的效果，还可以了解建筑的用电规律。系统将用电数据量化，能源管理者就能够及时发现能源结构中存在的不合理、不完善的地方，及时做出能源结构调整，找到合适的节能措施。

电量历史趋势曲线能够查看用电数据的历史值，可以任意放大、

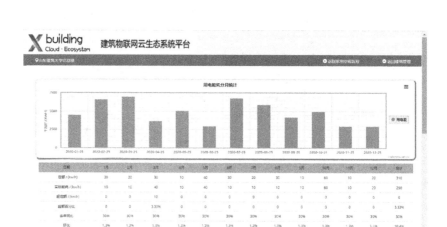

图 7.9　电量分项计量界面

缩小时间轴（如跨度可大于 1 年，也可能是 1 天）。电量历史趋势曲线支持多纵轴、多曲线展示，能为不同的曲线设置不同的纵轴；支持多曲线同一时间的对比分析；支持单条、多条曲线不同时间段的对比分析；支持曲线显示设置。电量分项计量界面开发在进行数据获取时使用了 Highcharts 图表框架，其关键代码如下。

```
<script>
    var chart=new Highcharts. Chart('tu1',{title:{text:'照明用电',
x:-20},
    xAxis:{categories:[<? $sql="SELECT * FROM'smart_meter_da-
ta'WHERE smart_meter_id='7' group by TIME";
    $ret=send_execute_sql( $sql, $res,0);
    foreach( $res as $row){ $time = $row['time']; echo"'".
$time. "',";}? >]},
    yAxis:{title:{text:'用电量(kw/h)'},
```

```
        plotLines:[{value:2,width:1,color:'#000000'}],
        tickAmount:6//y轴区间划分},
    tooltip:{valueSuffix:'kg'},
    legend:{ayout:'vertical',align:'right',verticalAlign:'middle',
borderWidth:0.5},
    series:[{name:'照明用电',
        data:[<? $sql="SELECT * FROM 'smart_meter_data'
        WHERE smart_meter_id='7' group by TIME";
        $ret=send_execute_sql($sql,$res,0);
            foreach($res as $row){
                $emissions= $row['emissions'];
                echo $emissions. ",";}?>],
                color:'#008B8B'}]});
</script>
```

## 7.4.3　建筑能耗汇总分析界面开发

建筑能耗汇总分析是对建筑的各分项能耗进行科学换算后得出的总能耗，如图 7.10 所示。它可实现对水、电、气、冷（热）量等各种能耗数据分年、月、周等不同时间跨度的统计分析和汇总，以图表的形式展示。用电能耗分月统计界面如图 7.11 所示。

建筑能耗分月统计数据包含定额数据。定额数据可以为用户的能耗管理提供参考数据和监管数据，使建筑能耗管理走向科学化、智能化。该界面可以为用户提供定额管理模式，用户通过授权可以自行修改定额管理模式。每个账户都有独立的定额设计。在系统运行阶段，不断给出定额结算情况，并以图表等形式展示，便于管理

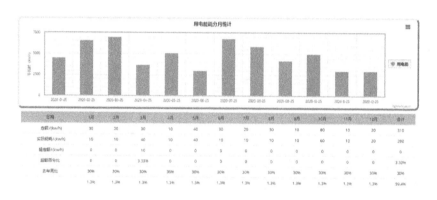

建筑能耗汇总分析

| 分类指标 | 当前能耗(本月已耗) | 历史能耗(上月汇总) | 操作 | 动作建议 |
|---|---|---|---|---|
| 建筑电耗汇总 / (kW·h) | 20 | 21.00 | 查看详情 | 关闭部分设备 |
| 建筑用水汇总 / (m³) | 20 | 23.56 | 查看详情 | 关闭部分设备 |
| 建筑燃气汇总 / (Nm³) | 20 | 19.98 | 开启部分设备 | 开启部分设备 |
| 建筑供冷供热总汇总 / (kJ/h) | 20 | 17.25 | 查看详情 | 开启部分设备 |
| 其他能源汇总 / (kW·h) | 20 | 20.35 | 查看详情 | 关闭部分设备 |

**图 7.10 建筑能耗汇总分析界面**

图 7.11 用电能耗分月统计界面的表格数据

**图 7.11 用电能耗分月统计界面**

人员决策和管理。通过定额与实际用量的对比图和预测差值曲线,
管理人员可直接掌握各用能单位各阶段的用能情况,结合各用能单
位的办公面积、人数等基础信息,分析单位面积、单个人的用能情
况,逐步调整用能指标,最终实现定额管理,从而便于各用能单位
能耗考核和收费管理。建筑能耗汇总分析界面需获取关系数据库中
能耗数据,在进行数据获取时使用了 Highcharts 图表框架,其关键
代码如下。

```
<script>
var chart=new Highcharts. Chart('tu1',)
chart:{renderTo:'container',                //div 标签
        type:'column',                      //图表类型
        / ********** 以下 chart 配置可选 ********** /
        backgroundColor:"#ffffff",          //图表背景色
        plotBackgroundColor:"#6DBFBB",      //主图表区背景颜色
        plotBorderColor:'#C0C0C0',          //主图表边框颜色
        plotBorderWidth:3,                  //主图表边框宽度
        shadow:false,                       //是否设置阴影
        zoomType:'xy'}                      //拖动鼠标放大图表的方向
</script>
```

# 7.5 小　　结

为了解决建筑运维智慧管控平台的建筑能耗分类分项计量，本章首先进行了建筑能源管理系统的架构设计，然后进行了能源监测硬件模块开发及建筑能耗管理系统数据库设计，完成了建筑能源管理系统软件开发，并介绍了数据库的模型，最终完成了建筑运维智慧管控平台的建筑能源管理系统设计。

# 第 8 章

## 智慧住区管理系统的设计与实现

智慧住区是指充分利用物联网、云计算、移动互联网、智能设备终端等新技术，将住区家居、住区物业、住区医疗、住区服务、电子商务、网络通信、视频监控、能耗管理等诸多领域整合到一个高效的信息管理系统之中，为居民提供安全、高效、舒适、便利的居住环境，实现居民在生活服务中的数字化、网络化、信息化、智能化、协同化。通过构建住区的人文、生活、经济环境，形成基于大规模信息智能处理的一种新的住区管理模式，以及面向未来的全新住区形态。

# 8.1  智慧住区管理需求分析

住区是聚居在一定地域范围内的人们所组成的社会生活共同体。随着社会的发展进步，互联网技术和房地产行业相结合，改变了人们的生活模式、居住模式，越来越受到人们的关注。智慧住区作为智慧城市的基础和重要组成部分，通过以住区为单位进行智慧化的建设，以点带面地逐渐实现整个城市的智慧化。

智慧住区需求可分为基础生活设施需求和管理需求。基础生活设施需求主要是对住区的电力、能源、周边交通、安防监控、公共场所等基础设备的需求。管理需求主要是住区的用户需求、功能需求、技术需求。

## 8.1.1  用户需求

（1）物业管理人员需求。

物业公司主要是为住区居民提供各种公共生活保障及住区管理服务，是住区生活中不可或缺的一部分。物业公司的职能包括住区的基

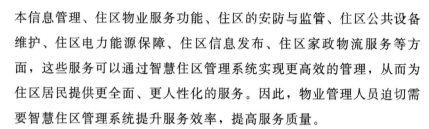

本信息管理、住区物业服务功能、住区的安防与监管、住区公共设备维护、住区电力能源保障、住区信息发布、住区家政物流服务等方面，这些服务可以通过智慧住区管理系统实现更高效的管理，从而为住区居民提供更全面、更人性化的服务。因此，物业管理人员迫切需要智慧住区管理系统提升服务效率，提高服务质量。

（2）住区居民需求。

住区居民是智慧住区最主要的组成者，同时也是智慧住区管理系统的主要服务者。为住区居民提供人性化、多样化、便捷化的生活服务是智慧住区管理系统追求的重要目标之一。对于住区居民来说，智慧住区管理系统更像是一个住区生活助手，可帮助住区居民随时随地地完成一些生活任务，如线上物业缴费、线上报修、住区动态获取、物业费用查询、居民互助互动、居家安防监控等。对于住区老年人来说，智慧住区管理系统可以提供实时查看健康数据、定时提醒健康体检等功能。除此以外，智慧住区管理系统还可整合电子商务、物流服务等功能为住区居民提供更加多样化的生活。

（3）政府部门需求。

对接智慧住区管理系统的相关政府部门主要是住区所属的街道办事处及智慧城市管理相关职能部门。为了进一步推进智慧城市的发展，这些政府部门可通过智慧社区管理系统迅速向各个住区单位传递最新的政策法规，可随时与住区业委会、物业公司等住区相关负责人进行协调，可随时掌握住区的各种动态、民情，可提高政府办事效率，可为智慧城市的建设提供支持。

## 8.1.2 功能需求

智慧住区管理系统是整合智慧住区内部各类信息的物联网系统，

其基于物联网技术实现各类设备的管理、控制，各类数据的采集、分析、可视化，为整个住区的智慧化运行监控提供 Web 客户端和手机端 App 访问。随着人们对生活品质的追求，智慧住区管理早已经不是传统意义上的"管理、控制"功能，而是对"服务"品质的一种追求。具体来说，根据面向的用户类型，智慧住区管理系统为用户提供建筑信息、缴费信息、设备管理、维保管理、停车场管理、安防监控、居家养老、客户服务中心等管理定制服务。

对于物业管理人员和政府部门相关人员，智慧住区管理系统以 Web 客户端为主，主要帮助他们进行住区居民信息管理与统计、居民缴费后台汇总、实时掌握住区设备工作状态、各种监测设备参数的可视化等。对于住区居民，智慧住区管理系统以手机端 App 为主，主要为居民提供服务功能，方便居民缴费、报修、互动、互助等。

## 8.1.3.　技术需求

智慧住区管理系统的技术需求主要涉及以下几方面。

（1）住区基础配置。

研制智能电表模块、智能水表模块、智能燃气测量仪表模块、流量统计工具等智能硬件，上述智能硬件需具备与云数据库的双向通信数据通道。云数据库—实体联系模型（E－R 模型）对数据结构进行逻辑分析并使用相关开发工具搭建云数据库。

（2）住区管理信息。

① 人员信息。智慧住区的人员信息包括用户、业主、服务人员等的信息。用户信息管理功能主要包括用户注册、修改密码、找回密码、权限设置等功能，各类功能主要涉及添加、修改、查看、删除等基本操作。业主信息管理功能主要包括住区、建筑、单元、楼层、房屋的业主及租户信息管理，各类功能主要涉及添加、修改、查看、删

除等基本操作。服务人员信息管理功能主要包括各住区管理员、安保员、保洁员、维护员信息管理，各类功能主要涉及添加、修改、查看、删除等基本操作。

② 建筑及设备信息。智慧住区管理系统具备建筑信息管理功能，用户可对住区建筑和设备的基本信息进行管理与查询。各类功能主要涉及建筑管理［空间统计（已入住、未入住、自住、租住、装修）］、楼层管理、房间管理、设备管理、传感器管理、执行器管理、灯光控制（园区灯控、停车场灯控）、维保管理（电梯、安防设备、园区路灯、道闸门禁、水电气热）、停车场管理（车位统计、温度显示、视频监控）等操作。

③ 物业费信息。智慧住区管理系统具备物业费查询与缴纳等信息管理功能，主要包括住区物业费统计、住户信息统计、住户生活缴费异常情况统计、停车场车位缴费情况统计。各类功能主要涉及物业费（已缴费、未缴费、缴费异常）查询与缴纳、车位费（已缴费、未缴费、缴费异常）管理与查询等基本操作。

④ 服务中心信息。智慧住区管理系统具备业主服务中心信息管理功能，具体包括住户报修中心、投诉中心、缴费中心、居家养老等。各类功能主要涉及报修中心（住区设备报修、住户设备报修）、投诉中心（住户对住区的建设性建议与意见）、缴费中心（物业费的预存、缴纳与查询）、居家养老（业主档案信息、定位、手环信息、房间状态、监控信息、巡视探访）等相关信息推送、管理、查询等基本操作。智慧住区管理系统可通过 Web 客户端和手机端 App 向用户提供数据的可视化展示。

（3）生活服务。

智慧住区管理系统具备住区居民生活服务功能，以手机端 App 为主，具体包括住区门禁识别、智能生活管理（家庭环境监测、智能居家控制）、社区大屏通知（社区公共信息、个人发布动态）、疫情健康报备（出行轨迹及个人健康状况报备）、住区天气预报、家人健康数据、物业线上缴费、报修、投诉等功能。通过手机端App，住区居民可随时查看个人、家人及家庭各种数据，可及时获取住区动态、积极参与住区互动。

在完成以上需求的基础上，还应考虑结合合适的数据处理和挖掘理论与方法，对数据库中海量数据进行处理、分析、统计、挖掘，从而找出关联关系和内在规律，为住区服务决策和优化提供数据支撑。

智慧住区管理系统旨在结合智慧住区泛在化网络环境、整合物业管理信息及各相关数据、搭建云数据库、开发物业管理界面等，将住区物业信息统一发布在智慧住区管理系统，实现用户实时获取住区整体运行信息。业主在查询缴费信息方面能够做到明白消费，使住区设备智能化水平提升、人为管控弱化，实现人工智能应用。智慧住区管理系统的研发使住区的管理与服务变得更加舒适、便捷、安全与节能。

# 8.2 智慧住区管理系统架构设计

## 8.2.1 技术架构设计

智慧住区管理系统采用 B/S 网络结构，将核心功能集成在云服务器中，简化了系统的开发和维护。智慧住区管理系统为用户提供了管理、控制和数据处理等各种服务。结合物联网和住区物业服务，智慧住区管理系统总体架构（图 8.1）分为感知层、网络层、功能层、服务层和应用层。

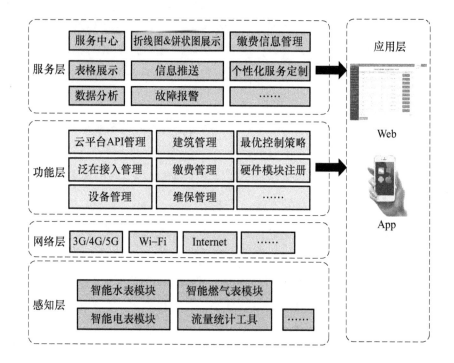

**图 8.1　智慧住区管理系统总体架构**

## 8.2.2　功能架构设计

根据调研和分析，智慧住区管理系统功能如下。

（1）物业维修功能：维修单生成、维修值班、维修人员调度、维修质量跟踪、维修评价、维修回访。

（2）安全管理功能：安全保卫、住区巡逻、住区出入管理、消防管理、消防宣传、消防设施监测与管理。

（3）环境卫生功能：绿化覆盖、绿化布局、保洁设施、公共区域卫生、垃圾清运、排水排污、全天候保洁。

（4）交通管理功能：车辆出入管理、外来车辆管理、车辆停放管理、公共车位管理。

（5）住户接待功能：接待室环境、接待沟通、接待灵活性、接待回访、投诉方便性、投诉处理及时性、投诉处理效果。

（6）住区文体建设功能：文化体育活动、公用健身设施、住区娱乐场所、文化宣传。

（7）服务便利性功能：服务及时性、服务方便性、服务随时性、服务随地性。

（8）经济因素功能：收费公开性、收费合理性、代管基金使用、财务公开程度。

由以上各功能需求，设计的智慧住区管理系统主要由六部分功能模块构成，如图8.2所示，各部分模块具体功能描述如下。

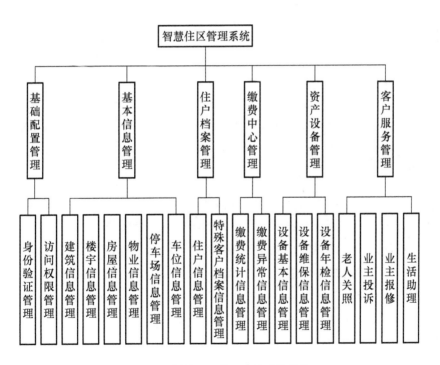

图 8.2 智慧住区管理系统功能模块

（1）基础配置管理：主要包括身份验证管理及访问权限管理。不同身份的用户登录系统需要不同的访问权限，相对应享受不同的定制模块服务。

（2）基本信息管理：包括建筑信息管理、楼宇信息管理、房屋信息管理、物业信息管理，停车场信息管理、车位信息管理。这些基本信息管理便于物业的跟踪管理与住区的后期运行维护，同时也有利于用户对住区有一定程度的了解与掌握。

（3）住户档案管理：包括住户信息管理和特殊客户档案信息管理。住户信息管理指的是管理住区中每家每户的户主及其家庭成员情况；特殊客户档案信息管理指的是管理住区中的独居老人、贫困家庭、空巢家庭等信息，如在授权情况下记录独居老人的姓名、年龄、病史及子女联系方式等信息，便于在老人需要的时候提供援助和关怀。

（4）缴费中心管理：包括缴费统计信息管理和缴费异常信息管理。缴费统计信息管理包括住户物业费统计信息、停车场物业费统计信息及经由物业收缴的水费、电费、燃气费、取暖费等信息；"可配置"选择的缴费管理中初始缴费默认为"全选"，用户可根据实际情况选择缴费项目，采用线上和线下灵活机动的方式进行费用的查询、缴费。

（5）资产设备管理：包括设备基本信息管理、设备维保信息管理、设备年检信息管理。资产设备如住区中的摄像头、路灯、电梯、泵房等公共基础设施，隶属于物业管理，资产设备管理有利于住区安全保障及发挥设备的最大使用效率。

（6）客户服务管理：包括老人关照、业主投诉、业主报修、生活助理。老人关照如接收已授权老人的手环信息、定位信息、居住环境信息。手环信息包括生理信息、睡眠信息、计步信息。生活助理则帮助住户提供生活品代购、文体咨询、家政服务等信息，提升住户服务效率、提高居民生活品质。

## 8.2.3 业务架构设计

 智慧住区管理系统的核心业务是客户服务管理与缴费中心管理，配合住区基本信息管理、住户档案管理、资产设备管理、基础配置管理。智慧住区管理系统业务功能的运行是基于住户档案进行的，"可配置"选择的缴费管理与"一户一档"机制的住户档案管理使得系统工作效率更高、信息查询清楚明了。随着住区的发展，相关信息不断完善，这种模块化的架构便于系统扩展。智慧住区管理系统业务架构如图8.3所示。

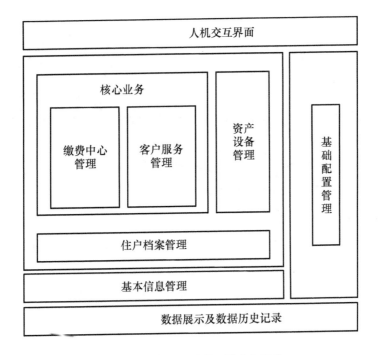

**图8.3 智慧住区管理系统业务架构**

## 8.3　智慧住区管理系统的设计与实现

　　智慧住区管理系统可以为用户提供信息查询与管理控制一体化服务；系统地整合设备、人员、物资及时间等信息，使物业管理公司与住户拥有统一的语言、统一的界面，保证了物业管理公司业务模式的统一性；允许各住区根据自身情况进行差异化管理；可配置的选项设置解决了物业缴费中心的分散业务问题；对住户所关心的教育、养老、文体娱乐与生活购物等问题进行实时更新；提高居民的住区生活体验。智慧住区管理系统设计如下。

　　（1）住区、建筑、单元、楼宇、房屋、停车场等信息统计，具体包括面积统计、数量统计、入住情况统计、自住、租住及装修统计。

　　（2）住户档案信息采用"一户一档"机制。住区业主信息采用选择限定，每户业主拥有业主编号，可通过搜索框查找业主信息；管理员可新增或删除业主信息。

　　（3）住户物业信息统计。停车场物业信息统计，物业缴费情况统计，已缴费、未缴费、缴费异常信息录入。

　　（4）设备运维情况统计。设备基本信息、设备维保信息、设备年检信息；新增设备信息录入，旧设备信息删除；设备报修及使用投诉情况记录。

　　（5）设备管理信息、传感器信息、执行器信息查询，设备查找，设备添加与删除信息。

　　（6）社区卫生清洁状况、保洁设施维护管理，保洁人员及维护人员信息统计，维保派单及工单追溯。

（7）居家养老中独居老人档案信息、以往病史信息、手环信息，温/湿度、烟感警告，报警设置，居住环境实时信息。

（8）客户服务中心可进行业主信息添加与删除，可进入缴费中心查询费用清单及缴费，可添加投诉信息及问题解决情况反馈，可添加报修信息及问题解决情况反馈。

（9）客户服务管理的缴费中心可监测与管理用户电、水、天然气等使用状况，统计整栋建筑能源、资源使用信息。客户服务管理的缴费中心是基于"可配置"的缴费选择的，初始缴费默认选择为全选，用户可根据自身情况自由地选择缴费项目进行缴费。

## 8.3.1 智慧住区管理系统功能设计

智慧住区管理系统是基于云服务器、云数据库、Internet、云平台、智能硬件数据处理模块等节点组成的。用户可使用计算机、平板电脑、手机对智慧住区管理系统进行云访问。智慧住区管理系统功能设计如下。

（1）住区建筑管理。

开发客户端的创建操作功能，新建住区、建筑、单元、楼宇、房屋查询，添加住区楼宇信息、物业信息、房屋信息，实现住区空间统计及展示。

（2）住户建档。

开发客户端"一户一档"机制的住户档案管理功能，包括房间编号，业主姓名、联系方式、性别、身份证号、出生年月、电子邮件、备注等，尽可能建立完善的住户信息。住户建档属于系统核心业务，其创建流程说明如下。

① 依次选择建筑幢号、单元号、房屋编号，输入住户基本信息，

创建住户。

② 判断住户是否存在，以手机号码作为判断依据。如手机号码存在，则说明该住户已经登记；否则，保存住户信息。

③ 住户与房屋关系配置。如果是业主或租户则进入第④步，如果是朋友、亲属则直接标记关系，进入第⑤步。

④ 创建相应的合同信息，上传合同附件。

⑤ 保存所有档案信息，流程结束。

（3）设备维保管理。

开发客户端的设备维保管理功能，包括设备的基本信息、维保信息、年检信息，掌握各种设备的基本使用情况；开发客户端的设备报修功能，包括报修设备、是否维修、意见反馈、维修记录、查看设备详细信息等。

（4）业主投诉管理。

开发客户端的业主投诉管理功能，若客户对于物业管理公司的某项服务不满，可以进行投诉，包括投诉时间、投诉对象及处理状态，物业管理公司的相关工作人员接收到投诉后及时进行服务改进与完善。

（5）住区缴费管理。

开发客户端的缴费管理功能，查询及添加住区物业费统计信息、住户缴费信息、缴费异常信息等，全面掌握整个住区的物业费缴纳情况。

（6）住区停车场管理。

开发客户端的停车场管理功能，查询及添加住区停车场信息、停车场物业信息、停车场车位信息等，了解整个住区的停车场物业费缴纳情况及车位租售状态。

（7）客户服务。

开发客户端的客户服务功能，尽最大可能给客户提供便捷、高效的服务，服务项目包括代理招聘保姆、护工、小时工，代订、代送报纸杂志，关爱居家养老及独居老人等，实时更新住区资讯。

（8）缴费中心。

缴费中心客户端界面设置缴费管理、打印导出、预存管理、余额扣费等选择项，住户可以根据自身需求进行查询与缴费。物业管理公司可以采取奖励机制，鼓励业主进行物业费预存，形成业主不欠费、物业管理公司不乱扣费的良好消费环境。缴费中心属于系统核心业务，缴费清单生成流程如图 8.4 所示。

缴费清单生成流程说明如下。

① 云服务自动启动，对系统进行扫描。查询功能列出所有费用项，计费模式分为：A 单价×建筑面积；B 单价×水量；C 单价×电量；D 单价×气量；E 固定费用/月；F 参考费用/次。周期费用生成日（单位由计费模式决定）、收费对象默认为户、住区管理系统以户为单位进行费用生成管理。

② 根据计费模式，选择计费分支流程，具体流程如下。

a. 模式 A 是单价×建筑面积，指的是周期性物业管理费。查询配置的费用项；根据时段、生成日期等设置验证计费是否已生成。如已计费，则忽略；否则，根据单价×面积的模式，按照户、周期、时段生成费用。

b. 模式 B、C、D 是抄表计费，按照单价×（水、电、气用量）计费。查询系统中水、电、气费用项目；导入抄表数据（抄表导入是指每户水、电、气用量数据导入并生成），验证是否已计费。如已计费，则流程结束；否则，按照水、电、气用量数据逐项生成费用（按户计费）。

c. 模式 E 与模式 A 相似，模式 F 是按操作次数实时计费。

③ 不论何种模式创建的费用，都必须保存。

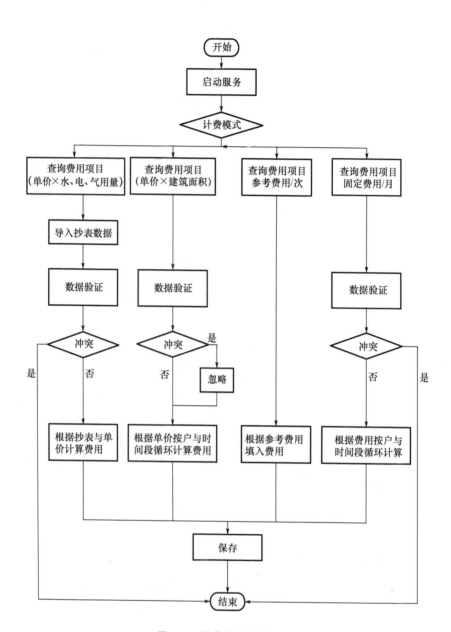

图 8.4  缴费清单生成流程

## 8.3.2　智慧住区管理系统 Web 端交互设计

智慧住区管理系统 Web 端是基于 B/S 架构，采用 LNMP 方案设计的。LNMP 指的是 Linux、Nginx、MySQL 和 PHP。服务器程序用 PHP 语言编写，HTML 在客户端解释和执行。针对智慧住区管理系统功能设计，将设计结果转换成计算机可运行的程序代码。智慧住区管理系统实现需尊重软件编码通用标准、规范编程，以保证程序的可读性与维护性、利用软件系统的运行环境、程序的运行效率。本节从文字说明、关键代码、界面实现等方面阐述智慧住区管理系统实现。

（1）基础配置管理。

智慧住区管理系统 Web 客户端登录界面（图 8.5）。首次使用智慧住区管理系统需在 Web 客户端注册界面（图 8.6）申请账号。

若用户忘记密码，则可以在 Web 客户端登录界面中单击"忘记密码"，填写注册时的邮箱地址即可找回密码（图 8.7）。

图8.5彩图

图 8.5　智慧住区管理系统 Web 客户端登录界面

**图 8.6　智慧住区管理系统 Web 客户端注册界面**

**图 8.7　智慧住区管理系统 Web 客户端找回密码界面**

图8.6彩图

图8.7彩图

用户如果需要修改密码，可登录智慧住区管理系统的主界面，单击右上方"用户信息"栏中的"修改密码"进行操作，Web 客户端修改密码界面如图 8.8 所示。用户如果需要退出当前账号，单击智慧住区管理系统主界面最右上方的"退出登录"即可。

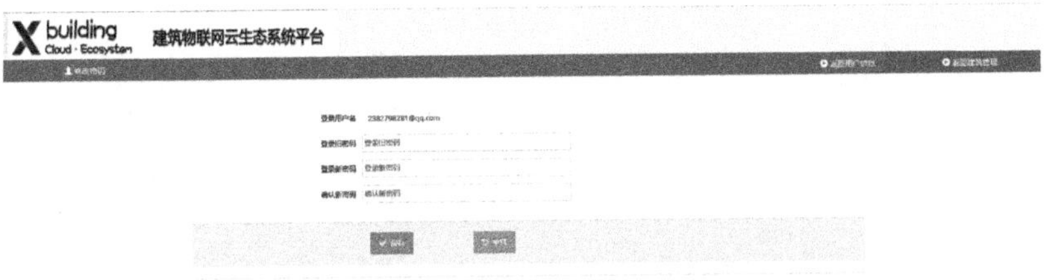

**图 8.8　智慧住区管理系统 Web 客户端修改密码界面**

（2）住区层级关系管理。

在初次使用智慧住区管理系统时，首先需要新建住区层级关系，可以根据需要，建立多个住区同时监控。新建住区后，需要先指定某幢建筑，再指定这幢建筑的单元，然后在这个单元中指定楼层，最后在这个楼层中指定房间。具体操作方法如下。

单击智慧住区管理系统主界面的"住区管理"，在住区管理界面单击"住区添加"控件的"新建住区"。用户可在该界面中添加新建住区的名称、地址，时区，备注。在"位置栏"中，拖动地图上的红色小圆点来定位当前建筑的位置信息。住区添加界面如图 8.9 所示。住区添加完成后，在住区列表（图 8.10）中可查看新添加的住区，在该住区的操作栏中，用户可以对该住区信息进行修改和删除。

图 8.9　住区添加界面

图 8.10　住区列表

执行上述功能模块代码需获取关系数据库——建筑信息表中的数据，其实现的过程是利用 session 方法将建筑信息表中的数据存储在云服务器上，然后提取并识别信息，关键代码如下。

图8.9彩图

图8.10彩图

```php
<?php
$sql="select * from Architecture where id= $bid";
    //连接数据库获取建筑物 ID
$ret= send_execute_sql( $sql, $res,0);
```

234

```
foreach（$res as $row）{
    $name＝$row['name']；                              //建筑名称
    $b_id＝$row['id']；                                 //建筑 ID
    $addtime＝$row['addtime']；                         //注册时间
    $country＝$row['country']；                         //国家
    $province＝$row['province']；                       //省
    $city＝$row['city']；                               //市
    $addr＝$row['addr']；                               //区
    $time_zone_name＝$row['time_zone_name']；           //时区位置
    $address＝$country. $province. $city. $addr；       //地址
    $location＝$row['location']；                       //经纬度
    $note＝$row['note']；                               //备注
}
?>
```

智慧住区管理系统下设 8 个专栏，分别是建筑信息、缴费信息、设备管理、维保管理、停车场管理、环境卫生、居家养老、客户服务中心，专栏界面如图 8.11 所示，其关键代码如下。

图 8.11 专栏界面

```
<table>
<tr><td><a   href＝\"Arc_list. php\"   style＝'text-decoration：
none；text-align： left；'><i class＝\"glyphicon glyphicon-circle-arrow-
right\"></i>建筑信息</a></td></tr>

<tr><td><a   href＝\"jiaofeixinxi. php\"   style＝'text-decoration：
none；text-align： left；'><i class＝\"glyphicon glyphicon-circle-arrow-
```

right\">＜/i＞缴费信息＜/a＞＜/td＞＜/tr＞

＜tr＞＜td＞＜a href＝\"device_list. php\" style＝'text-decoration：none；text-align： left；'＞＜i class＝\"glyphicon glyphicon-circle-arrow-right\"＞＜/i＞设备管理＜/a＞＜/td＞＜/tr＞

＜tr＞＜td＞＜a href＝\"weibao_list. php\" style＝'text-decoration：none；text-align： left；'＞＜i class＝\"glyphicon glyphicon-circle-arrow-right\"＞＜/i＞维保管理＜/a＞＜/td＞＜/tr＞

＜tr＞＜td＞＜a href＝\"tingchexinxi. php\" style＝'text-decoration；none；text-align： left；'＞＜i class＝\"glyphicon glyphicon-circle-arrow-right\"＞＜/i＞停车场管理＜/a＞ ＜/td＞＜/tr＞

＜tr＞＜td＞＜a href＝\"huanjing. php\" style＝'text-decoration：none；text-align： left；'＞＜i class＝\"glyphicon glyphicon-circle-arrow-right\"＞＜/i＞环境卫生＜/a＞ ＜/td＞＜/tr＞

＜tr＞＜td＞＜a href＝\"yanglao_list. php\" style＝'text-decoration；none；text-align： left；'＞＜i class＝\"glyphicon glyphicon-circle-arrow-right\"＞＜/i＞居家养老＜/a＞ ＜/td＞＜/tr＞

＜tr＞＜td＞＜a href＝\"kefu_list. php\" style＝'text-decoration：none；text-align： left；'＞＜i class＝\"glyphicon glyphicon-circle-arrow-right\"＞＜/i＞客户服务中心＜/a＞＜/td＞＜/tr＞

＜/table＞

① 建筑信息。建筑信息专栏下设楼宇信息列表（图 8.12）和楼宇信息添加（图 8.13）、物业信息列表（图 8.14）和物业信息添加（图 8.15）、房屋信息列表（图 8.16）和房屋信息添加（图 8.17）

3个子栏。楼宇信息列表记录了住区中每幢建筑的占地面积及空间数量统计；物业信息列表统计了住区中每幢建筑的服务工作人员信息及物业费缴纳总体概况；楼宇信息列表需获取关系数据库——建筑信息表的数据，对选择的房屋进行房屋面积、入住人数、入住时间及物业费是否缴纳的统计。

图8.12　楼宇信息列表

图8.13　楼宇信息添加

图8.12彩图

图8.13彩图

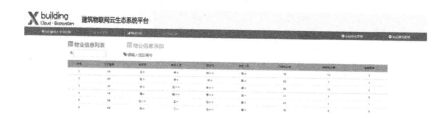

图 8.14　物业信息列表

图 8.15　物业信息添加

图 8.16　房屋信息列表

图8.14彩图　　　图8.15彩图　　　图8.16彩图

图 8.17　房屋信息添加

图8.17彩图

　　每个子栏中都设置了搜索框，用户只需输入需查询的住区建筑的幢号，系统按照指定查询自动筛选。搜索功能关键代码如下。

```php
<?php
<script type="text/javascript">
function onSearch(obj){          //js 函数开始
setTimeout(function(){          //将值写入 input 内,再读取
var storeId=document.getElementById('targetTable');
                                //获取 Table 的 ID 标识
var rowsLength=storeId.rows.length;
                                //表格总共有多少行
var key=obj.value;              //获取输入框的值
var searchCol=1;
    //要搜索的哪一列,这里是第一列,从 0 开始记数
for(var i=1;i<rowsLength;i++){
                //本例第一行是标题,所以 i=1,从第二行开始筛选
var searchText=storeId.rows[i].cells[searchCol].innerHTML;
```

```
                                        //取得 Table 行、列的值
if(searchText.match(key)){
    //如果 input 的值,即变量 key 的值为空,返回的是 true
storeId.rows[i].style.display='';          //显示行操作
                }else{
storeId.rows[i].style.display='none';    //隐藏行操作
                }
}}}
    </script>
?>
```

② 缴费信息。缴费信息专栏下设物业费统计信息列表（图 8.18）和物业费统计信息添加（图 8.19）、住户信息列表（图 8.20）和住户信息添加（图 8.21）、缴费异常信息列表（图 8.22）和缴费异常信息添加（图 8.23）3 个子栏。物业费统计信息列表记录了住区中本年度应缴、未缴、已缴及异常缴费的住户数量；住户信息列表统计了住区中每个房屋专属业主信息，将业主编号输入搜索框，系统将自动筛选出所要查询的业主信息；缴费异常信息列表清楚地指出缴费未成功的住户，并且涵盖了其应缴、已缴及未缴的费用金额。

图8.18彩图

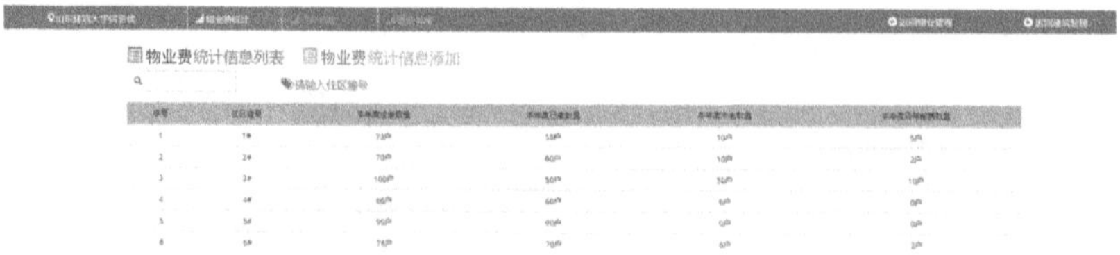

图 8.18 物业费统计信息列表

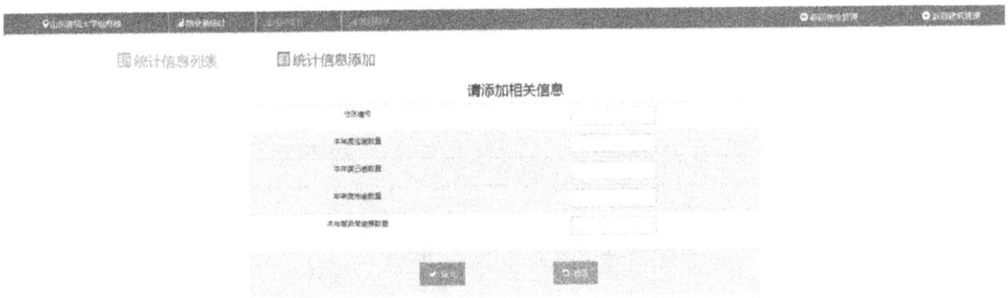

**图 8.19　物业费统计信息添加**

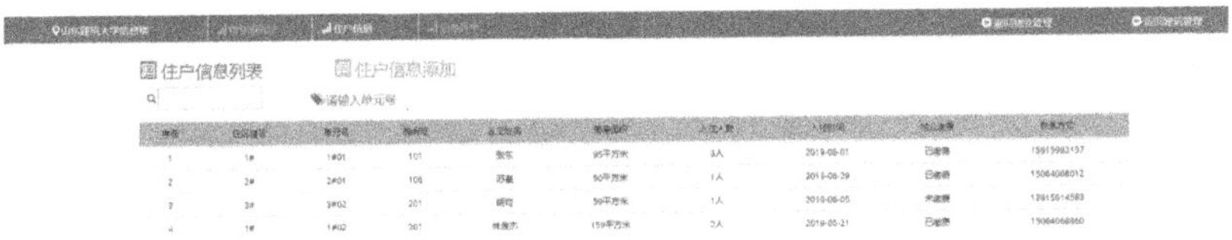

**图 8.20　住户信息列表**

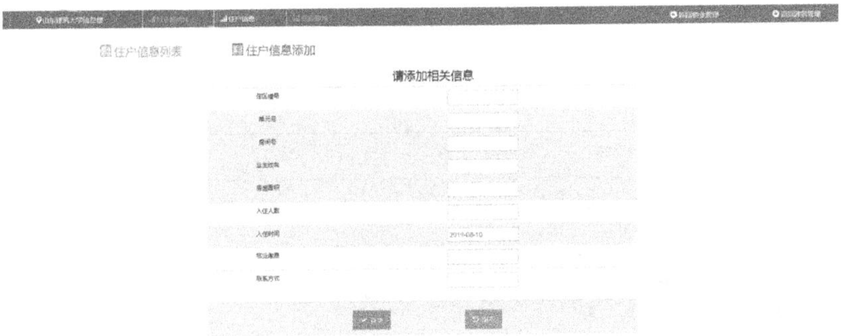

**图 8.21　住户信息添加**

图8.19彩图

图8.20彩图

图8.21彩图

建筑运维智慧管控平台设计与实现

图 8.22　缴费异常信息列表

图 8.23　缴费异常信息添加界面

图8.22彩图

图8.23彩图

③ 设备管理。设备管理专栏下设设备类型信息列表（图 8.24）、传感器类型信息列表（图 8.25）、执行器类型信息列表（图 8.26）3 个子栏。在各个子栏中可对相应的列表进行设备查询、设备添加；在各列表最右列的操作栏中可对信息进行修改和删除。

④ 维保管理。维保管理专栏下设电梯维保信息列表（图 8.27）、摄像头维保信息列表（图 8.28）、路灯维保信息列表（图 8.29）3 个子栏。在住区中先选择建筑，再定位单元，最后定位设备编号，单击"维保管理"按钮，进行设备基本信息、维保信息、年检信息的查询。

242

**图 8.24　设备类型信息列表**

**图 8.25　传感器类型信息列表**

**图 8.26　执行器类型信息列表**

图8.24彩图

图8.25彩图

图8.26彩图

243

图 8.27　电梯维保信息列表

图 8.28　摄像头维保信息列表

图 8.29　路灯维保信息列表

图8.27彩图

图8.28彩图

图8.29彩图

⑤ 停车场管理。停车场管理专栏下设停车场信息列表（图 8.30）和停车场信息添加（图 8.31）、停车场物业信息列表（图 8.32）和停车场物业信息添加（图 8.33）、车位信息列表（图 8.34）和车位信息添加（图 8.35）3 个子栏。在各个子栏中可对相应的列表进行信息查询、信息添加。通过车位信息管理，实时掌握停车场车位状况、车位费缴纳状况，实现车位空间最大化的利用。

**图 8.30　停车场信息列表**

**图 8.31　停车场信息添加**

图8.30彩图

图8.31彩图

**图 8.32　停车场物业信息列表**

**图 8.33　停车场物业信息添加**

**图 8.34　车位信息列表**

图8.32彩图

图8.33彩图

图8.34彩图

图 8.35　车位信息添加

图8.35彩图

⑥ 环境卫生。环境卫生专栏下设卫生清洁情况列表（图8.36）、保洁人员信息管理列表（图8.37）及卫生工单追溯情况列表（图8.38）3个子栏。在各子栏中可对相应的列表进行信息查询、添加和删除等操作，相应的保洁人员通过电子打卡形式完成工作任务汇报；环境卫生管理可以保证住区卫生整洁，定期对保洁人员进行考核，及时处理业主卫生工单诉求等。

⑦ 居家养老。居家养老专栏下设老人档案信息列表（图8.39）和老人档案信息添加（图8.40）2个子栏。通过搜索老人姓名，即可展示老人的基本信息，通过手环信息，可查询老人的生理信息、睡眠信息、计步信息，实时掌握其生理健康状况。

图8.36彩图

## 卫生清洁情况

请输入住区幢号

| 序号 | 住区幢号 | 保洁员 | 楼层数 | 已清洁 | 未清洁 | 设备损坏 | 业主评价 |
|---|---|---|---|---|---|---|---|
| 1 | 1# | 刘＊＊ | 6 | 6/6 | 0 | 无 | 优 |
| 2 | 2# | 宋＊ | 6 | 6/6 | 0 | 无 | 优 |
| 3 | 3# | 李＊＊ | 6 | 6/6 | 0 | 无 | 优 |
| 4 | 4# | 王＊ | 5 | 5/5 | 0 | 无 | 良 |
| 5 | 5# | 刘＊ | 6 | 5/6 | 1 | 无 | 良 |
| 6 | 6# | 马＊＊ | 6 | 6/6 | 0 | 无 | 优 |

图 8.36　卫生清洁情况列表

图 8.37　保洁人员信息管理列表

图 8.38　卫生工单追溯情况列表

图 8.39　老人档案信息列表

图8.40　老人档案信息添加

图8.40彩图

⑧ 客户服务中心。客户服务中心的设置使用户能够方便地找到想要的服务，其下设业主档案信息列表、缴费中心、报修中心、投诉中心及住区资讯 5 个子栏。业主档案信息列表界面可以编辑住户信息，完善住户的资料，以便物业管理人员管理与查看；缴费中心为业主提供便捷的支付手段，支付明细一目了然；报修中心方便业主及时反馈设备问题，供维保人员及时解决问题；投诉中心可方便登记与记录业主反馈的问题；住区资讯方便业主了解住区最新的相关消息，例如，社区周边的环境监测、社区的招聘信息等，并可将感兴趣的信息保存、转发分享。智慧住区管理系统对整个住区内的建筑进行分类，用户可以通过建筑清单找到自己所在的建筑物，并可进行信息修改、信息删除、设备报修登记及物业投诉登记等操作。

业主档案信息列表（图 8.41）使得用户容易找到目标业主及其所属的建筑。可通过业主信息添加（图 8.42）将新业主信息添加到业主档案信息列表中。

图 8.41　业主档案信息列表

请添加相关信息

图 8.42　业主信息添加

用户只需在缴费中心子栏下，将业主编号输入搜索框，系统将自动查找到所要寻找的业主序号，以及属于该业主的缴费信息，可查看其某个周期（如月初至现在）水、电、热、暖等各项的缴费详情（图 8.43）。以上各项收费对象默认为户，系统以户为单位进行费用生成管理。由于水、电、热、暖等的计量单位不同，采用"数量"进行单位的统一，项目单价乘以数量即为某个周期内该项目的费用。系统默认选择全部上交项目费用，业主可酌情选择上交哪几类项目费用，系统将自动进行费用合计，业主即可结算。

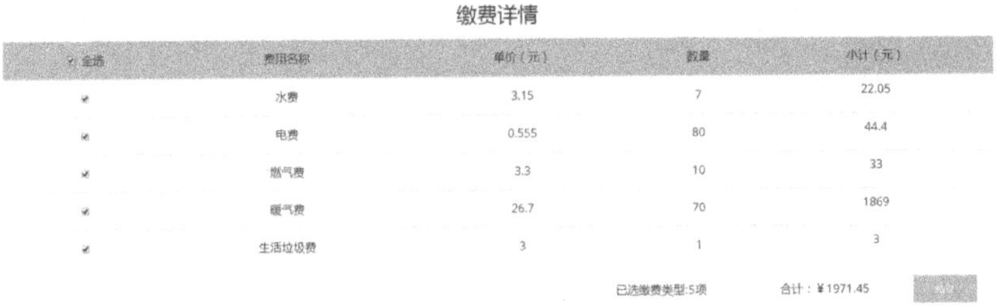

缴费详情

| 全选 | 费用名称 | 单价（元） | 数量 | 小计（元） |
|---|---|---|---|---|
| ☑ | 水费 | 3.15 | 7 | 22.05 |
| ☑ | 电费 | 0.555 | 80 | 44.4 |
| ☑ | 燃气费 | 3.3 | 10 | 33 |
| ☑ | 暖气费 | 26.7 | 70 | 1869 |
| ☑ | 生活垃圾费 | 3 | 1 | 3 |

已选缴费类型:5项　　合计：¥1971.45

图 8.43　缴费详情

图8.43彩图

报修中心（图 8.44）子栏下的报修登记（图 8.45）、报修记录（图 8.46）将记录报修的业主姓名、联系电话、报修时间和故障描述，以便于维修人员"对症下药"，更快地解决业主的问题。

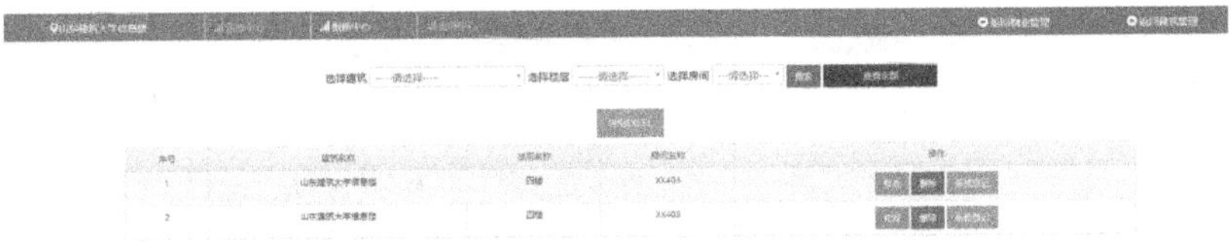

图 8.44　报修中心

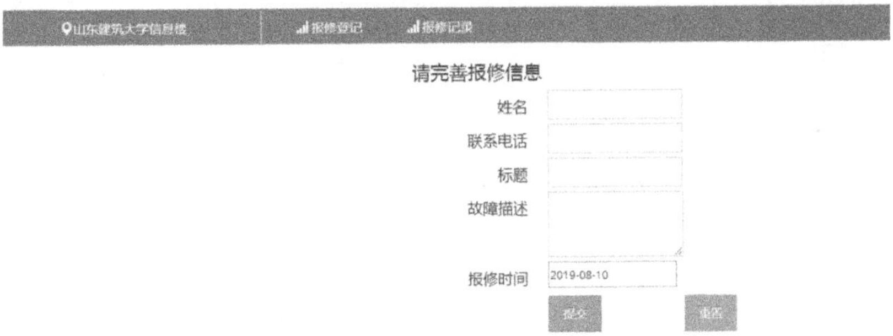

请完善报修信息

姓名

联系电话

标题

故障描述

报修时间　2019-08-10

提交　　　取消

图 8.45　报修登记

图 8.46 报修记录

图8.44彩图

图8.45彩图

图8.46彩图

投诉中心（图 8.47）子栏下的投诉登记（图 8.48）、投诉记录（图 8.49）将记录投诉的业主姓名、联系电话和投诉时间，获得的反馈意见。物业管理公司根据业主提出的问题进行改进，并及时联系业主进行满意度调查。

图 8.47 投诉中心

图 8.48 投诉登记

图 8.49　投诉记录

图8.47彩图

图8.48彩图

图8.49彩图

# 8.4　小　　结

　　本章详细阐述了智慧住区管理系统的功能，结合居民对智慧住区的各个功能需求，从系统架构（技术架构、功能架构、业务架构）设计、系统功能设计方面入手，对智慧住区管理系统的功能设计进行了详细的说明。利用 B/S 架构、LNMP 方案、PHP 编程语言，给出了智慧住区管理系统核心模块实现方式和关键代码，对各个界面进行了设计与实现。

# 参 考 文 献

[1]　中国建筑节能协会. 中国建筑能耗研究报告 2020 [J]. 建筑节能（中英文），2021，49（2）：1-6.

[2]　中国城市科学研究会. 中国绿色建筑 2019 [M]. 北京：中国建筑工业出版社，2019.

[3]　中华人民共和国住房和城乡建设部，国家市场监督管理总局. 绿色建筑评价标准：GB/T 50378－2019 [S]. 北京：中国建筑工业出版社，2019.

[4]　饶戎. 绿色建筑 [M]. 北京：中国计划出版社，2008.

[5]　谢秉正. 绿色智能建筑工程技术 [M]. 南京：东南大学出版社，2007.

[6]　仇保兴. 进一步加快绿色建筑发展步伐：中国绿色建筑行动纲要（草案）解读 [J]. 城市发展研究，2011，18（7）：1-6.

[7]　龙惟定. 建筑节能与建筑能效管理 [M]. 北京：中国建筑工业出版社，2005.

[8]　孔祥娟等. 绿色建筑和低能耗建筑设计实例精选 [M]. 北京：中国建筑工业出版社，2008.

[9]　万国良，万龙涛，刘泳霞，等. 绿色节能建筑结构新体系 [M]. 北京：科学出版社，2009.

[10]　MATHEWS E, GUCLU S S, LIU Q Z, et al. The Internet of Lights：An Open Reference Architecture and Implementation for Intelligent Solid State Lighting Systems [J]. Energies, 2017, 10 (8)：1187.

[11]　KAUR E, SHARMA S, VERMA A, et al. An Energy Management and Recommender System for Lighting Control in Internet-of-Energy Enabled Buildings [J]. IFAC-PapersOnLine, 2019, 52 (4)：288-293.

[12]　KRUISSELBRINK T W, DANGOL R, VAN L E J. A Comparative Study between Two Algorithms for luminance-based Lighting Control [J]. Energy and Buildings, 2020, 228：110429.

[13] XU L, PAN Y Q, YAO Y, et al. Lighting Energy Efficiency in Offices under Different Control Strategies [J]. Energy and Buildings. , 2017, 138: 127-139.

[14] SNYDER J. Energy-saving Strategies for Luminaire-level Lighting Controls [J]. Building and Environment, 2020, 169: 105756. 1-105756. 13.

[15] ATIS S, EKREN N. Development of an Outdoor Lighting Control System Using Expert System [J]. Energy and Buildings, 2016, 130: 773-786.

[16] GAO Y M, CHENG Y K, ZHANG H Y, et al. Dynamic Illuminance Measurement and Control Used for Smart Lighting with LED [J]. Measurement, 2019, 139: 380-386.

[17] SUN F K, YU J Q. Indoor Intelligent Lighting Control Method Based on Distributed Multi-agent Framework [J]. Optik. , 2020, 213: 164816.

[18] YAHIAOUI A. Experimental Study on Modelling and Control of Lighting Components in a Test-cell Building [J]. Solar Energy, 2018, 166: 390-408.

[19] XIONG J, TZEMPELIKOS A, BILIONIS I, et al. A Personalized Daylighting Control Approach to Dynamically Optimize Visual Satisfaction and Lighting Energy Use [J]. Energy and Buildings, 2019, 193: 111-126.

[20] KANDASAMY N K, KARUNAGARAN G, SPANOS C, et al. Smart Lighting System Using ANN-IMC for Personalized Lighting Control and Daylight Harvesting [J]. Building and Environment, 2018, 139: 170-180.

[21] ROSSI M, PANDHARIPANDE A, CAICEDO D, et al. Personal Lighting Control with Occupancy and Daylight Adaptation [J]. Energy and Buildings, 2015, 105: 263-272.

[22] YAO Y, CHEN J D, FENG J M, et al. Modular Modeling of Air-conditioning System with State-space Method and Graph Theory [J]. International Journal of Refrigeration, 2019, 99: 9-23.

[23] HUSSAIN S A, HUANG G H, YUEN R K K, et al. Adaptive Regres-

sion Model-based Real-time Optimal Control of Central Air-conditioning Systems [J]. Applied Energy, 2020, 276: 115427.

[24] ZHOU Y, YI Y X, CUI G Y, et al. Demand Response Control Strategy of Groups of Central Air-conditionings for Power Grid Energy Saving [C] // 2016 IEEE International Conference on Power and Renewable Energy (ICPRE), IEEE, 2016: 323-327.

[25] BIANCHINI G, CASINI M, PEPE D, et al. An integrated model predictive control approach for optimal HVAC and energy storage operation in large-scale buildings [J]. Applied Energy, 2019, 240: 327-340.

[26] RAWLINGS J B, PATEL N R, RISBECK M J, et al. Economic MPC and Real-time Decision Making with Application to Large-scale HVAC Energy Systems [J]. Computers & Chemical Engineering, 2018, 114: 89-98.

[27] ZHANG Y, LIU Y Q, LIU Y. A Hybrid Dynamical Modelling and Control Approach for Energy Saving of Central Air Conditioning [J]. Mathematical Problems in Engineering, 2018, 2018 (8): 1-12.

[28] RISBECK M J, MARAVELIAS C T, RAWLINGS J B, et al. A Mixed-integer Linear Programming Model for Real-time Cost Optimization of Building Heating, Ventilation, and Air Conditioning Equipment [J]. Energy and Buildings, 2017, 142: 220-235.

[29] XIE J P, ZHANG H J, SHEN Y, et al. Energy Consumption Optimization of Central air-conditioning Based on Sequential-least-square-programming [C] //2020 Chinese Control And Decision Conference (CCDC). IEEE, 2020: 5147-5152.

[30] ZHANG Y, CHU X L, LIU Y Q. An Optimal Hybrid Control Method for Energy-saving of Chilled Water System in Central Air Conditioning [J]. Journal of Control Science and Engineering, 2018, 1-9.

[31] LI Z J, LV C, MEI J. Research on Energy Saving Control of Chilled Water System of Central Air Conditioning System [C] //2016 Chinese Control

222222

and Decision Conference (CCDC), IEEE, 2016: 2875-2878.

[32] ZHAO T Y, HUA P M, FU P, et al. Applicability of Control Algorithms for Variable Water-flow Control Practice of Central Air-conditioning Cooling Water System [J]. Science and Technology for the Built Environment, 2020, 26 (7): 941-955.

[33] WANG B B, ZHANG T W, HU X Q, et al. Consensus Control Strategy of an Inverter Air Conditioning Group for Renewable Energy Integration Based on the Demand Response [J]. IET Renewable Power Generation, 2018, 12 (14): 1633-1639.

[34] RADHAKRISHNAN N, SU Y, SU R, et al. Token Based Scheduling for Energy Management in Building HVAC Systems [J]. Applied Energy, 2016, 173: 67-79.

[35] TANG R, WANG S W, SHAN K, et al. Optimal Control Strategy of Central Air-conditioning Systems of Buildings at Morning Start Period for Enhanced Energy Efficiency and Peak Demand Limiting [J]. Energy, 2018, 151: 771-781.

[36] GAO J J, HUANG G S, XU X H. An Optimization Strategy for the Control of Small Capacity Heat Pump Integrated Air-conditioning System [J]. Energy Conversion and Management, 2016, 119: 1-13.

[37] HOU J, LUO X W, HUANG G S, et al. Development of Event-driven Optimal Control for Central Air-conditioning Systems [J]. Journal of Building Performance Simulation, 2020, 13 (3): 378-390.

[38] ASAD H S, YUEN R K K, HUANG G S. Multiplexed Real-time Optimization of HVAC Systems with Enhanced Control Stability [J]. Applied Energy, 2017, 187: 640-651.

[39] WANG J Q, JIA Q S, HUANG G S, et al. Event-driven Optimal Control of Central Air-conditioning Systems: Event-space Establishment [J]. Science and Technology for the Built Environment, 2018, 24 (8): 839-849.

[40] WANG J Q, ZHOU P, HUANG G S, et al. A Data Mining Approach to Discover Critical Events for Event-driven Optimization in Building Air Conditioning Systems [J]. Energy Procedia, 2017, 143: 251-257.

[41] QIU S N, LI Z H, LI Z W, et al. Model-free Control Method Based on Reinforcement Learning for Bbuilding Cooling Water Systems: Validation by Measured Data-based Simulation [J]. Energy and Buildings, 2020, 218: 110055.

[42] RUOKOKOSKI M, SORSA J, SIIKONEN M L, et al. Assignment Formulation for the Elevator Dispatching Problem with Destination Control and Its Performance Analysis [J]. European Journal of Operational Research, 2016, 252 (2): 397-406.

[43] YILDIRIM A E, KARCI A. Group elevator control optimization using artificial atom algorithm [C] //2017 International Artificial Intelligence and Data Processing Symposium (IDAP). IEEE, 2017: 1-6.

[44] COŞKUN M Y, KARALI M. An Elevator Control Algorithm Optimizing Privileged Use [J]. Academic Platform Journal of Engineering and Science, 2018, 6 (3): 130-137.

[45] BAPIN Y, ZARIKAS V. Smart Building's Elevator with Intelligent Control Algorithm Based on Bayesian Networks [J]. I International Journal of Advanced Computer Science and Applications, 2019, 10 (2): 16-24.

[46] WEI Q L, WANG L X, LIU Y, et al. Optimal Elevator Group Control via Deep Asynchronous Actor-critic Learning [J]. IEEE Transactions on Neural Networks and Learning Systems, 2020, 31 (12): 5245-5256.

[47] DAI Y F, DU Y. Research of Dispatching Method in Elevator Group Control System Based on Fuzzy Neural Network [J]. 2nd International Conference on Computer Engineering, Information Science & Application Technology (ICCIA 2017), 2017, 74: 247-251.

[48] CHOU S Y, BUDHID A, DEWABHARATA A, et al. Improving Eleva-

tor Dynamic Control Policies Based on Energy and Demand Visibility [C] //2018 3rd International Conference on Intelligent Green Building and Smart Grid (IGBSG) . IEEE, 2018: 1-4.

[49] SO A, AL-SHARIF L. Calculation of the Elevator Round-Trip Time under Destination Group Control Using Offline Batch Allocations and Real-Time Allocations [J]. Journal of Building Engineering, 2019, 22: 549-561.

[50] SHARMA B B, BANSHWAR A, PATHAK M, et al. Simulation Based Elevator Group Control System for Multi-storey Building [J]. International Journal of Mathematical, Engineering and Management Sciences, 2019, 4 (1): 77-84.

[51] YANG M J, HUANG Z. Elevator Group Control Method Based on Face Recognition [C] //2019 International Conference on Computer, Network, Communication and Information Systems (CNCI 2019) . Atlantis Press, 2019, 88: 635-640.

[52] TUKIA T, UIMONEN S, SIIKONEN M L, et al. Explicit method to Predict Annual Elevator Energy Consumption in Recurring Passenger Traffic Conditions [J]. Journal of Building Engineering, 2016, 8: 179-188.

[53] WANG C Z, HU M, CHEN H W. Energy Saving of Elevator Group under Up-peak Flow Based on Geese-PSO [C]//2016 7th International Conference on Cloud Computing and Big Data (CCBD), IEEE, 2016: 209-213.

[54] TUKIA T, UIMONEN S, SIIKONEN M L, et al. High-resolution Modeling of Elevator Power Consumption [J]. Journal of Building Engineering, 2018, 18: 210-219.

[55] CHEN K Y, FUNG R F. Hamiltonian-based Adaptive Minimum-energy Tracking Control for a Mechatronic Elevator System [J]. International Journal of Dynamics and Control, 2019, 7 (4): 1358-1369.

[56] MAAMIR M, CHARROUF O, BETKA A, et al. Neural network power management for hybrid electric elevator application [J]. Mathematics and

Computers in Simulation，2020，167：155-175.

[57] PHAM T H，PRODAN I，GENON-CATALOT D，et al. Economic Constrained Optimization for Power Balancing in a DC Microgrid：A Multi-source Elevator System Application [J]. International Journal of Electrical Power & Energy Systems，2020，118：105753.

[58] ZUBAIR M U，ZHANG X Q. Explicit Data-driven Prediction Model of Annual Energy Consumed by Elevators in Residential Buildings [J]. Journal of Building Engineering，2020，31：101278.

[59] OGUNTALA G，ABD-ALHAMEED R，JONES S，et al. Indoor Location Identification Technologies for Real-time IoT-based Applications：An Inclusive Survey [J]. Computer Science Review，2018，30：55-79.

[60] TESORIERO R，TEBAR R，GALLUD J A，et al. Improving Location Awareness in Indoor Spaces Using RFID Technology [J]. Expert Systems with Applications，2010，37（1）：894-898.

[61] LEE K，LEE J，KWAN M P. Location-based Service Using Ontology-based Semantic Queries：A Study with a Focus on Indoor Activities in a University Context [J]. Computers, Environment and Urban Systems，2017，62：41-52.

[62] YANG H F，ZHANG Y B，HUANG Y L，et al. WKNN Indoor Location Algorithm Based on Zone Partition by Spatial Features and Restriction of Former Location [J]. Pervasive and Mobile Computing，2019，60：101085.

[63] MENDES A S，VILLARRUBIA G，CARIDAD J，et al. Automatic Wireless Mapping and Tracking System for Indoor Location [J]. Neurocomputing，2019，338：372-380.

[64] ALAWAMI M A，KIM H. LocAuth：A Fine-grained Indoor Location-based Authentication System Using Wireless Networks Characteristics [J]. Computers & Security，2020，89：101683.

[65] KWON Y，KWON K. RSS Ranging Based Indoor Localization in Ultra

Low Power Wireless Network [J]. AEU- International Journal of Electronics and Communications 2019, 104: 108-118.

[66] WALTER C S S, SILVA Y M L R, DE LUCENA JR V F. A location technique based on hybrid data fusion used to increase the indoor location accuracy [J]. Procedia computer science, 2017, 113: 368-375.

[67] FEI H, XIAO F, HUANG H P, et al. Indoor Static Localization Based on Fresnel Zones Model Using COTS Wi-Fi [J]. Journal of Network and Computer Applications, 2020, 167: 102709.

[68] CARRASCO U, CORONADO P D U, PARTO M, et al. Indoor Location Service in Support of a Smart Manufacturing Facility [J]. Computers in Industry, 2018, 103: 132-140.

[69] ZHAO M, QIN D Y, GUO R L, et al. Research on Crowdsourcing Network Indoor Localization Based on Co-Forest and Bayesian Compressed Sensing [J]. Ad Hoc Networks, 2020, 105: 102176.

[70] YOO J, PARK S. Fingerprint Variation Detection by Unlabeled Data for Indoor Localization [J]. Pervasive and Mobile Computing, 2020, 67: 101219.

[71] HERNANDEZ S M, BULUT E. Using Perceived Direction Information for Anchorless Relative Indoor Localization [J]. Journal of Network and Computer Applications, 2020, 165: 102714.

[72] WEI Y J, AKINCI B. A Vision and Learning-based Indoor Localization and Semantic Mapping Framework for Facility Operations and Management [J]. Automation in Construction, 2019, 107: 102915.

[73] VAN W W, ROY P C, ABIDI S S R, et al. Indoor Location Identification of Patients for Directing Virtual Care: An AI Approach Using Machine Learning and Knowledge-based Methods [J]. Artificial Intelligence In Medicine, 2020, 108: 101931.

[74] PU Y C, YOU P C. Indoor Positioning System Based on BLE Location Fin-

gerprinting with Classification Approach [J]. Applied Mathematical Model-
ling, 2018, 62: 654-663.

[75] OUAMEUR M A, CAZA-SZOKA M, MASSICOTTE D. Machine Learn-
ing Enabled Tools and Methods for Indoor Localization Using Low Power
Wireless Network [J]. Internet of Things, 2020, 12: 100300.

[76] RASHID K M, LOUIS J, FIAWOYIFE K K. Wireless Electric Appliance
Control for Smart Buildings Using Indoor Location Tracking and BIM-based
Virtual Environments [J]. Automation in Construction, 2019, 101:
48-58.

[77] ACHARYA D, KHOSHELHAM K, WINTER S. BIM-PoseNet: Indoor
Camera Localisation Using a 3D Indoor Model and Deep Learning from Syn-
thetic Images [J]. ISPRS Journal of Photogrammetry and Remote Sensing,
2019, 150: 245-258.

[78] ZHANG L L, TANG W, ZHANG C L. Research on the Construction De-
mand of Power Supply and Demand Forecast Platform under the Construc-
tion Background of "Three Types and Two Network" [J]. DEStech Trans-
actions on Social Science Education and Human Science, 2020 (aems),
DOI: 10.12783/dtssehs/aems2019/33541.

[79] YU L, NAZIR B, WANG Y L. Intelligent Power Monitoring of Building
Equipment Based on Internet of Things Technology [J]. Computer Commu-
nications, 2020, 157: 76-84.

[80] WU Y P, WU Y, GUERRERO J M, et al. IoT-enabled Microgrid for In-
telligent Energy-aware Buildings: A Novel Hierarchical Self-consumption
Scheme with Renewables [J]. Electronics, 2020, 9 (4): 550.

[81] JIANG J F, LI G F, BIE Z H, et al. Short-Term Load Forecasting Based
on Higher Order Partial Least Squares (HOPLS) [C] //IEEE Electrical
Power and Energy Conference, 2017: 603-607.

[82] XIE J R. Probabilistic electric load forecasting [D]. Probabilistic electric

load forecasting. 2016.

[83] MIRAKHORLI A, DONG B. Model Predictive Control for Building Loads Connected with a Residential Distribution Grid [J]. Applied Energy, 2018, 230: 627-642.

[84] ZHANG K. Model Predictive Control of Building Systems for Energy Flexibility [M]. Ecole Polytechnique, Montreal (Canada), 2018.

[85] DAGDOUGUI H, BAGHERI F, LE H, et al. Neural Network Model for Short-term and Very-short-term Load Forecasting in District Buildings [J]. Energy and Buildings, 2019, 203: 109408.

[86] ALMALAQ A S. Distribution Level Building Load Prediction Using Deep Learning [D]. University of Denver, 2019.

[87] FANG X, WANG Y, XIA L, et al. Short Term Load Forecasting Model of Building Power System with Demand Side Response Based on Big Data of Electrical Power [C].//International Conference on Machine Learning and Big Data Analytics for IoT Security and Privacy. Springer, Cham, 2020: 382-389.

[88] LI W X, LOGENTHIRAN T, PHAN V T, et al. Housing Development Building Management System (HDBMS) for Optimized Electricity Bills [J]. Transactions on Environment and Electrical Engineering, 2017, 2 (2): 64-71.

[89] JIA C X, DING H Y, ZHANG C J, et al. Design of a Dynamic Key Management Plan for Intelligent Building Energy Management System Based on Wireless Sensor Network and Blockchain Technology [J]. Alexandria Engineering Journal, 2021, 60 (1): 337-346.

[90] FAVUZZA S, IPPOLITO M G, MASSARO F, et al. Building Automation and Control Systems and Electrical Distribution Grids: A Study on the Effects of Loads Control Logics on Power Losses and Peaks [J]. Energies, 2018, 11 (3): 667.

[91]  STADLER P，ASHOURI A，MARECHAL F. Model-based Optimization of Distributed and Renewable Energy Systems in Buildings [J]. Energy and Buildings，2016，120：103-113.

[92]  DASTGEER F，GELANI H E. A Comparative Analysis of System Efficiency for AC and DC Residential Power Distribution Paradigms [J]. Energy and Buildings，2017，138：648-654.

[93]  VOSSOS V，GERBER D，BENNANI Y，et al. Techno-economic Analysis of DC Power Distribution in Commercial Buildings [J]. Applied Energy，2018，230：663-678.

[94]  NEGADAEV V A. Algorithms for Building Distribution Networks of Electricity Supply，Reducing Losses of Electricity [J]. EAI Endorsed Transactions on Energy Web，2018，5 (19)：155046-155047.

[95]  DILEEP G. A Survey on Smart Grid Technologies and Applications [J]. Renewable Energy，2020，146 (2)：2589-2625.

[96]  W S ZHANG，WULAN G W，ZHAI J，et al. An Intelligent Power Distribution Service Architecture Using Cloud Computing and Deep Learning Techniques [J]. Journal of Network and Computer Applications，2018，103：239-248.

[97]  JIAN J. Application and Prospect of Artificial Intelligence in Smart Grid [C] //IOP Conference Series：Earth and Environmental Science. IOP Publishing，2020，510 (2)：022012.

[98]  LIU T，TAN Z H，XU C L，et al. Study on Deep Reinforcement Learning Techniques for Building Energy Consumption Forecasting [J]. Energy and Buildings，2020，208：109675.

[99]  SANTOS G，VALE Z，FARIA P，et al. BRICKS：Building's Reasoning for Intelligent Control Knowledge-based System [J]. Sustainable Cities and Society，2020，52：101832.

[100]  FAIA R，PINTO T，ABRISHAMBAF O，et al. Case Based Reasoning

with Expert System and Swarm Intelligence to Determine Energy Reduction in Buildings Energy Management [J]. Energy and Buildings, 2017, 155: 269-281.

[101] SAFRANEK S, WILKERSON A, IRVIN L, et al. Using Occupant Interaction with Advanced Lighting Systems to Understand Opportunities for Energy Optimization: Control Data from a Hospital NICU [J], Energy and Buildings, 2021, 251: 111357.

[102] KAR P, SHAREEF A, KUMAR A, et al. ReViCEE: A Recommendation Based Approach for Personalized Control, Visual Comfort & Energy Efficiency in Buildings [J]. Building and Environment, 2019, 152: 135-144.

[103] DU Y, ZANDI H, KOTEVSKA O, et al. Intelligent Multi-zone Residential HVAC Control Strategy Based on Deep Reinforcement Learning [J]. Applied Energy, 2021, 281: 116117.

[104] ESCOBAR L M, AGUILAR J, GARCéS-JIMéNEZ A, et al. Advanced Fuzzy-logic-based Context-driven Control for HVAC Management Systems in Buildings [J]. IEEE Access, 2020, 8: 16111-16126.

[105] ZHOU G F, MOAYEDI H, BAHIRAEI M, et al. Employing Artificial Bee Colony and Particle Swarm Techniques for Optimizing a Neural Network in Prediction of Heating and Cooling Loads of Residential Buildings [J]. Journal of Cleaner Production, 2020, 254: 120082.

[106] LACHHAB F, BAKHOUYA M, OULADSINE R, et al. Towards an Intelligent Approach for Ventilation Systems Control Using IoT and Big Data Technologies [J]. Procedia Computer Science, 2018, 130: 926-931.

[107] ZHANG Z Q. Fractional-order Time-sharing-control-based Wireless Power Supply for Multiple Appliances in Intelligent Building [J]. Journal of Advanced Research, 2020, 25: 227-234.

[108] CHEN Y, HU M Q. Swarm Intelligence – based Distributed Stochastic Model Predictive Control for Transactive Operation of Networked Building Clusters [J]. Energy and Buildings, 2019, 198: 207-215.

[109] COTRUFO N, SALOUX E, HARDY J M, et al. A Practical Artificial Intelligence-based Approach for Predictive Control in Commercial and Institutional Buildings [J]. Energy and Buildings, 2020, 206: 109563.

[110] WANG J Y, LI S, CHEN H X, et al. Data-driven Model Predictive Control for Building Climate Control: Three Case Studies on Different Buildings [J]. Building and Environment, 2019, 160: 106204.

[111] ZHENG Z, WANG L X, HIENWONG N. Intelligent Control System Integration and Optimization for Zero Energy Buildings to Mitigate Urban Heat Island [J]. Procedia Engineering, 2016, 169: 100-107.

[112] GUPTA A, BADR Y, NEGAHBAN A, et al. Energy-efficient Heating Control for Smart Buildings with Deep Reinforcement Learning [J]. Journal of Building Engineering, 2021, 34: 101739.

[113] PENG C, SUN L T, TOMIZUKA M. Constrained iTerative Learning Control with Pso-youla Feedback Tuning for Building Temperature Control [J]. IFAC-PapersOnLine, 2017, 50 (1): 3135-3141.

[114] KUMAR S, PAL S K, SINGH R. A Novel Hybrid Model Based on Particle Swarm Optimisation and Extreme Learning Machine for Short-term Temperature Prediction Using Ambient Sensors [J]. Sustainable Cities and Society, 2019, 49: 101601.

[115] GROUMPOS P P. Advanced Automation Control Systems (AACS) for Energy and Comfort Management in a Building Environment [J]. IFAC-PapersOnLine, 2018, 51 (30): 34-38.

[116] ZHAI D Q, SOH Y C. Balancing Indoor Thermal Comfort and Energy Consumption of ACMV Systems via Sparse Swarm Algorithms in Optimizations [J]. Energy and Buildings, 2017, 149: 1-15.

[117] BIANCHINI G, CASINI M, PEPE D, et al. An Integrated Model Predictive Control Approach for Optimal HVAC and Energy Storage Operation in Large-scale Buildings [J]. Applied Energy, 2019, 240: 327-340.

[118] MOLAVI H, ARDEHALI M M. Utility Demand Response Operation Considering Day-of-use Tariff and Optimal Operation of Thermal Energy Storage System for an Industrial Building Based on Particle Swarm Optimization Algorithm [J]. Energy and Buildings, 2016, 127: 920-929.

[119] FELSMANN C. Der Beitrag der Gebudeautomation Zum Energieeffizienten Gebudebetrieb [J]. at -Automatisierungstechnik, 2017, 65 (9): 612-619.

[120] MARTIRANO L, PARISE G, PARISE L, et al. A Fuzzy-Based Building Automation Control System: Optimizing the Level of Energy Performance and Comfort in an Office Space by Taking Advantage of Building Automation Systems and Solar Energy [J]. IEEE Industry Applications Magazine, 2016, 22 (2): 10-17.

[121] ZUCKER G, SPORR A, KOLLMANN S, et al. A Cognitive System Architecture for Building Energy Management [J]. IEEE Transactions on Industrial Informatics, 2018, 14 (6): 2521-2529.

[122] JIANG Z Y, DAI Y C. A Decentralized, Flat-structured Building Automation System [J]. Energy Procedia, 2017, 122: 68-73.

[123] ZHANG J L, LI X M, XING T, et al. Study on Architecture and Application Technology of Ubi-bus Network of Building Automation System [J]. Procedia Engineering, 2017, 205: 1286-1293.

[124] MAYER B, KILLIAN M, KOZEK M. Hierarchical Model Predictive Control for Sustainable Building Automation [J] .Sustainability, 2017, 9 (2): 264.

[125] KRAUCHI P, DAHINDEN C, JURT D, et al. Electricity Consumption of Building Automation [J]. Energy Procedia, 2017, 122: 295-300.